"十四五"职业教育国家规划教材

"十三五"职业教育国家规划教材

无人机结构与系统

主 编 冯 秀

参 编 陈 挺 丁剑峰（企业）

　　　 张冉佳 郭 畅

机械工业出版社

本书是"十四五"职业教育国家规划教材，是根据教育部最新颁布的专业教学标准，同时参考相应的职业资格标准编写的。

本书从实用性出发，系统而全面地介绍了无人机结构与系统的基本知识。全书共分六部分，主要内容包括绪论、无人机结构与飞行原理、无人机翼型基础知识及其选择、无人机动力系统、无人机航电系统、无人机其他系统。

为便于教学，本书配套有电子教案、助教课件、教学视频、习题答案等教学资源，选择本书作为教材的教师可登录 www.cmpedu.com 网站，注册、免费下载。书中还嵌入了二维码，链接了学习资源，读者可通过扫描二维码进行学习。使用本书的师生均可利用上述资源在机械工业出版社旗下的"天之讲堂"平台上进行在线教学、学习，实现翻转课堂与混合式教学。

本书可作为职业院校无人机应用技术专业教材，也可作为企业无人机操控、组装、维护、管理等岗位的培训教材。

图书在版编目（CIP）数据

无人机结构与系统/冯秀主编. —北京：机械工业出版社，2019.9（2025.6重印）
职业教育无人机应用技术专业系列教材
ISBN 978-7-111-63658-8

Ⅰ. ①无… Ⅱ. ①冯… Ⅲ. ①无人驾驶飞机—结构—高等职业教育—教材 ②无人驾驶飞机—飞机系统—高等职业教育—教材 Ⅳ. ①V279

中国版本图书馆CIP数据核字（2019）第192578号

机械工业出版社（北京市百万庄大街22号　邮政编码100037）
策划编辑：齐志刚　　　责任编辑：王莉娜
责任校对：王　延　　　封面设计：鞠　杨
责任印制：张　博
天津市光明印务有限公司印刷
2025年6月第1版第24次印刷
184mm×260mm · 12印张 · 249千字
标准书号：ISBN 978-7-111-63658-8
定价：39.80元

电话服务　　　　　　　　网络服务
客服电话：010-88361066　机 工 官 网：www.cmpbook.com
　　　　　010-88379833　机 工 官 博：weibo.com/cmp1952
　　　　　010-68326294　金 书 网：www.golden-book.com
封底无防伪标均为盗版　　机工教育服务网：www.cmpedu.com

关于"十四五"职业教育国家规划教材的出版说明

为贯彻落实《中共中央关于认真学习宣传贯彻党的二十大精神的决定》《习近平新时代中国特色社会主义思想进课程教材指南》《职业院校教材管理办法》等文件精神，机械工业出版社与教材编写团队一道，认真执行思政内容进教材、进课堂、进头脑要求，尊重教育规律，遵循学科特点，对教材内容进行了更新，着力落实以下要求：

1. 提升教材铸魂育人功能，培育、践行社会主义核心价值观，教育引导学生树立共产主义远大理想和中国特色社会主义共同理想，坚定"四个自信"，厚植爱国主义情怀，把爱国情、强国志、报国行自觉融入建设社会主义现代化强国、实现中华民族伟大复兴的奋斗之中。同时，弘扬中华优秀传统文化，深入开展宪法法治教育。

2. 注重科学思维方法训练和科学伦理教育，培养学生探索未知、追求真理、勇攀科学高峰的责任感和使命感；强化学生工程伦理教育，培养学生精益求精的大国工匠精神，激发学生科技报国的家国情怀和使命担当。加快构建中国特色哲学社会科学学科体系、学术体系、话语体系。帮助学生了解相关专业和行业领域的国家战略、法律法规和相关政策，引导学生深入社会实践、关注现实问题，培育学生经世济民、诚信服务、德法兼修的职业素养。

3. 教育引导学生深刻理解并自觉实践各行业的职业精神、职业规范，增强职业责任感，培养遵纪守法、爱岗敬业、无私奉献、诚实守信、公道办事、开拓创新的职业品格和行为习惯。

在此基础上，及时更新教材知识内容，体现产业发展的新技术、新工艺、新规范、新标准。加强教材数字化建设，丰富配套资源，形成可听、可视、可练、可互动的融媒体教材。

教材建设需要各方的共同努力，也欢迎相关教材使用院校的师生及时反馈意见和建议，我们将认真组织力量进行研究，在后续重印及再版时吸纳改进，不断推动高质量教材出版。

机械工业出版社

PREFACE 前言

为深入贯彻落实《国家教育事业发展"十三五"规划》以及《国家职业教育改革实施方案》等文件精神，适应无人机产业迅猛发展对职业院校专业和课程建设的需求，针对当前职业院校该专业缺少合适的教材，大部分院校采用自编或企业培训课件组织教学，满足不了行业发展以及专业建设需要的现状，机械工业出版社于2018年5月11日—5月13日在北京召开了职业院校"无人机应用技术专业"产教融合、教材与资源建设会议。在会上，来自全国无人机应用技术专业的骨干教师、企业专家研讨了新形势下该专业的课程体系以及教材和资源建设的原则、方法、内容等。

根据会议精神，组建了《无人机结构与系统》教材的编写团队，接下来进行了行业、产业、企业、院校调研以确定教材内容，最后分工编写。本书结合无人机应用技术专业"岗（《无人机驾驶员职业技能等级标准》（2021版）和《无人机装调检修工职业技能等级标准》（2021版））、课（最新专业课程标准）、赛（全国人工智能应用技术技能大赛——飞行器人工智能技术应用赛项、全国机器人运动大赛——无人机花样队列赛项、中国工程机器人大赛暨国际公开赛——空中机器人项目等）、证（1+X无人机相关职业技能等级证书）"的知识和技能要求编写，为校企合作教材。

本书在内容处理上主要有以下几点说明：①弱化了理论公式推导，强化了使用理论知识解决实际问题的方法；②建议教学总课时为60课时；③教学过程中可采用问题导向式，突出以学习者为主体，对理论知识的掌握将原由教师讲授转化为学生在解决问题中去查找、去学习、去记忆，真正做到"做中学、学中记、记中做"，在解决问题的过程中循环学习，掌握技能和理论知识，结合每章后的思考题强化学习效果，结合考证训练题嵌入"1+X"职业技能等级证书相关知识点；④可以应用智慧职教平台（https://qun.icve.com.cn/zyq/course/u8xdaewtolbnzsbctdlodg）进行线上线下混合教学。

为落实党的二十大报告中关于"推进教育数字化"的要求，根据产业升级和行业发展以及用户需求，对本书内容进行了完善，增加了微课视频，以二维码的形式链接在书中，并更新了配套教学资源，在教学设计环节融入促进学生核心素养培养的内容。

本书由南京科技职业学院冯秀教授、南京技师学院陈挺助理工程师、南京模幻天空航空科技有限公司丁剑峰副经理、北京金隅科技学校张冉佳和郭畅老师共同编写。冯秀编写了绪论和第4章，陈挺、丁剑峰、张冉佳和郭畅分别编写了第1章、第2章、第3章和第5章。全书由冯秀负责统稿和定稿。

在本书的编写过程中，编者参阅了国内出版的有关教材和资料，得到了李忠举、代厚和周忠振的有益帮助，在此一并表示衷心感谢！

本书无论是在编写理念、教材结构还是呈现形式上均有较大的创新，最终目的是方便读者学习。当然，任何一种新型教材的成功开发，都需要中肯的反馈才能不断完善，欢迎广大读者多多指导，您的意见和建议是我们不断进取的最大动力。

编　者

二维码索引

序号	名称	二维码	页码
1	无人机分类		2
2	机体坐标轴和基本运动状态		16
3	多旋翼无人机的结构组成		18
4	电动机		19
5	电子调速器		19
6	电池		21
7	多旋翼螺旋桨		22
8	多旋翼无人机操控		25
9	无人直升机的结构组成		26

（续）

序号	名称	二维码	页码
10	固定翼无人机的结构组成		33
11	固定翼无人机的控制方式		43
12	多旋翼空气漩涡		55
13	涡轮风扇发动机		100
14	传统陀螺仪		123
15	舵机		130
16	惯性导航系统		133
17	全球卫星导航系统		137

CONTENTS 目录

前言
二维码索引

绪论 1
  学习导引 1
  学习目标 1
  0.1 无人机概述 1
  0.2 无人机系统组成及性能指标 12
  思考题 14
  考证训练 14

第1章 无人机结构与飞行原理 15
  学习导引 16
  学习目标 16
  1.1 机体坐标轴和基本运动状态 16
  1.2 多旋翼无人机的结构及飞行原理 17
  1.3 无人直升机的结构及飞行原理 26
  1.4 固定翼无人机的结构及飞行原理 32
  思考题 44
  考证训练 45

第2章 无人机翼型基础知识及其选择 47
  学习导引 48
  学习目标 48
  2.1 翼型的几何参数和主要类型 48
  2.2 确定翼型 50
  思考题 58
  考证训练 58

CONTENTS

第3章　无人机动力系统 59
学习导引 60
学习目标 60
3.1　动力系统概述 60
3.2　电动机 66
3.3　活塞发动机 75
3.4　涡轮发动机 88
思考题 106
考证训练 107

第4章　无人机航电系统 109
学习导引 110
学习目标 110
4.1　飞行控制系统概述 110
4.2　传感器 122
4.3　舵机 130
4.4　导航系统 132
思考题 149
考证训练 150

第5章　无人机其他系统 151
学习导引 152
学习目标 152
5.1　电气系统 152
5.2　任务设备 157
5.3　控制站 171
5.4　通信链路 177
思考题 182
考证训练 183

参考文献 184

绪 论

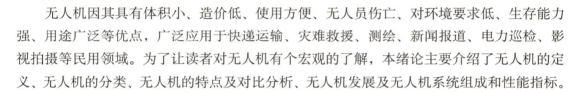

学习导引

　　无人机因其具有体积小、造价低、使用方便、无人员伤亡、对环境要求低、生存能力强、用途广泛等优点，广泛应用于快递运输、灾难救援、测绘、新闻报道、电力巡检、影视拍摄等民用领域。为了让读者对无人机有个宏观的了解，本绪论主要介绍了无人机的定义、无人机的分类、无人机的特点及对比分析、无人机发展及无人机系统组成和性能指标。

学习目标
1. 掌握无人机的定义及分类；
2. 了解无人机的特点及对比分析、无人机发展；
3. 掌握无人机系统的组成；
4. 了解无人机的性能指标。

0.1 无人机概述

0.1.1 无人机和航空模型

1. 无人机

　　无人机（Unmanned Aerial Vehicle，缩写为UAV）即无人驾驶航空器，是采用无线电遥控设备或由自身程序控制装置操控的航空器。与载人飞机相比，无人机具有体积小、造价低、使用方便、无人员伤亡、对环境要求低、生存能力强、用途广泛等优点。因此，无人机在现代及未来军事中将起到极其重要的作用，同时在民用领域也有广阔的应用前景。

2. 航空模型

　　航空模型俗称航模，是一种以某种航空器的实际尺寸按一定比例制作，并能在空中飞行的模型。国际航空联合会（FAI）明确规定，航空模型是一种重于空气、有尺寸限制、带有或不带有发动机、可遥控、不能载人的航空器。

无人机与航空模型的本质区别在于无人机有飞行控制系统（类似大脑），可人工遥控控制也可自主控制；而航空模型没有飞行控制系统，只能进行人工遥控控制。

0.1.2 无人机的分类

无人机自诞生雏形至今，经历了一个世纪的发展，无论从外形结构上还是从功能用途上，都发生了很大变化。根据不同的分类方法，可以将其分为多种类型，最常用的分类方法有如下几种。

1. 按平台构型分类

根据不同的平台构型，无人机主要分为固定翼无人机和旋翼无人机两大平台。旋翼无人机又分为无人直升机和多旋翼无人机。其他一些小种类无人机平台还包括伞翼无人机、扑翼无人机和无人飞艇等，如图0-1所示。

图 0-1　其他小种类无人机平台构型

a) 伞翼无人机　　b) 扑翼无人机　　c) 无人飞艇

固定翼无人机是指通过人工遥控或自身程序控制其动力系统、机翼和尾翼来实现起降和飞行的无人机，是抗风能力比较强、类型最多、应用最广泛的无人机，也是军用和多数民用无人机的主流平台，其最常用布局有常规、双尾撑和无尾三种，如图0-2所示。微型化和长航时是其发展趋势，目前微型化的固定翼无人机只有手掌大小，长航时固定翼无人机的体积一般比较大，续航时间在10h以上，能同时搭载多种遥感传感器，起飞方式有滑行、弹射、车载、火箭助推、飞机投放等；降落方式有滑行、伞降、撞网等。固定翼无人机的起降场地应是比较空旷的，适合应用于林业和草场监测、矿山资源监测、海洋环境监测等领域。

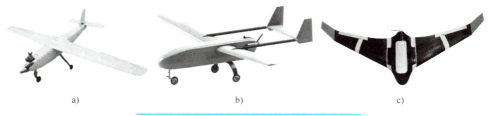

图 0-2　固定翼无人机平台主要布局

a) 常规　　b) 双尾撑　　c) 无尾

无人直升机是指可垂直起降、灵活性最强的无人机平台，在构型上属于旋翼无人机，在功能上属于垂直起降通用航空器，如图 0-3 所示。与有人直升机相比，其具有无人员伤亡、体积小、造价低、战场生存力强等优点；与固定翼无人机相比，其具有垂直起降、空中悬停、朝任意方向飞行、起飞着陆场地小等优点。但其结构相对较复杂，操控难度也较大，所以种类不多，实际应用较少。在军用方面，无人直升机广泛应用于侦察、监视、目标截获、诱饵、攻击、通信中继等；在民用方面，无人直升机在大气监测、交通监控、资源勘探、电力线路检测、森林防火等方面应用前景广阔。

图 0-3 无人直升机

多旋翼无人机是一种具有三个及以上旋转轴的无人直升机，如图 0-4 所示。多旋翼无人机是消费级和部分工业级无人机的首选平台，灵活性介于固定翼无人机和无人直升机之间，但操控简单、成本较低。

图 0-4 多旋翼无人机

2. 按质量分类

民航法规规定，按质量把无人机分为微型无人机、轻型无人机、小型无人机和大型无人机。

- ◆ 微型无人机　空机质量小于等于 7 kg 的无人机。
- ◆ 轻型无人机　空机质量大于 7 kg、小于等于 116 kg 的无人机，且全功率平飞中，校正空速小于 100 km/h，升限小于 3000 m。
- ◆ 小型无人机　空机质量小于等于 5700kg，除微型和轻型无人机以外的无人机。
- ◆ 大型无人机　空机质量大于 5700 kg 的无人机。

3. 按活动半径分类

航程是无人机的重要性能，它是指无人机起飞后中途不加油能够飞越的距离。活动半径是指 25%～40% 的航程。按活动半径把无人机分为超近程无人机、近程无人机、短程无人机、中程无人机和远程无人机五种。

- ◆ 超近程无人机　活动半径在 15 km 以内的无人机。
- ◆ 近程无人机　活动半径为 15～50km 的无人机。
- ◆ 短程无人机　活动半径为 50～200km 的无人机。
- ◆ 中程无人机　活动半径为 200～800 km 的无人机。
- ◆ 远程无人机　活动半径大于 800 km 的无人机。

4. 按任务高度分类

根据无人机执行任务高度，可把无人机分为超低空无人机、低空无人机、中空无人机、高空无人机和超高空无人机。

- 超低空无人机 任务高度一般在100 m以下的无人机。
- 低空无人机 任务高度一般在100～1000 m的无人机。
- 中空无人机 任务高度一般在1000～7000 m的无人机。
- 高空无人机 任务高度一般在7000～18000 m的无人机。
- 超高空无人机 任务高度一般大于18000 m的无人机。

5. 按使用领域分类

按不同使用领域，可把无人机分为军用无人机和民用无人机或工业级无人机和消费级无人机，这两种分类方法对无人机的性能、使用领域等要求各有不同。

1）军用无人机对于灵敏度、飞行高度与速度、智能化等要求最高，也是技术水平最高的无人机。根据航程、活动半径、续航时间和飞行高度可把军用无人机分为战术无人机和战略无人机两大类；按作战任务可把军用无人机分为侦察监视无人机、校射无人机、电子战无人机、通信中继无人机、攻击无人机、运输无人机和靶机七类。

2）民用无人机一般对于速度、升限和航程等要求都较低，但对人员操控培训、综合成本有较高的要求，因此需要配套低廉的零部件和售后服务。民用无人机主要用于地质勘查、地形测绘、农作物病虫害防治、农作物产量评估、森林防火、汛情监视、交通管制、气象监测等方面。目前，民用无人机最大的市场还在于为政府提供公共服务，约占总需求的70%。未来无人机发展潜力最大的市场应在民用领域，诸如农业植保、空中无线网络以及数据获取等。

3）工业级无人机一般会根据行业需求不同搭载各种专业探测设备，比如红外热像仪、激光雷达、高光谱相机、大气探测器等，主要用于各行各业的日常工作中。一般要求无人机具有一定的防护措施来降低意外带来的自身损害和连带伤害，要拥有尽量长的航时、尽量远的通信距离，还要求有足够的可靠性来满足长年累月的重复使用要求。因为工业级无人机主要面向行业用户定制生产，所以产量一般不大，且售价较高。

4）消费级无人机一般搭载相机、摄像头等拍摄设备，根据需要再配云台和图传电台等，以满足消费者的娱乐需求。消费级无人机大多针对普通消费者或者航拍爱好者，一般要求无人机便携和易操控，且价格便宜。

6. 按控制模式分类

按控制模式可把无人机分为遥控式、半自主式和自主式三种。

1）遥控式无人机是由地面人员通过无线电发送指令并有效控制其飞行的无人机。操控员实时操控遥控器面板上的摇杆和按钮，由遥控器发射机发出对应的无线电指令信号，传输到无人机的遥控接收机上，控制无人机飞行的高度、速度、航向等参数，并实施预定的飞行和工作计划。

2）半自主式无人机是在有地面控制指令时按控制指令飞行，无地面控制指令时按预编程序指令飞行的无人机。操控员通过飞行管理系统界面执行任务或改变任务,在没有输入控制指令的情况下,无人机将实施预编程序的自动飞行。

3)自主式无人机是按预先输入的程序指令自动飞行,并执行预定任务的无人机,也称为时间程序控制型无人机。

三者兼备式无人机是具有遥控式、半自主式和自主式功能的无人机。

7. 按动力装置分类

按动力装置可把无人机分为电动式无人机、油动式无人机和油电混合式无人机三种。

1)电动式无人机大多采用无刷电动机作为动力装置,由聚合物锂电池或燃料电池提供能量。电动机是一种旋转式电动机器,可将电能转变为机械能,无人机在飞行中为了实现前进、后退、侧飞和转弯等,采用电调控制无刷电动机的转速。电动式无人机具有结构简单、重量轻、维护方便等优点,其缺点是载重小、续航时间短、电能消耗大等。

2)油动式无人机通常采用活塞式发动机或涡轮轴发动机作为动力装置。此类型无人机具有抗风能力强、续航时间长、载重大等优点,但稳定性差、操控复杂、场地适应性差、危险性大。

3)油电混合式无人机通常采用燃油发动机和电动机作为动力装置,燃油发动机发电,再驱动电动机。此类型无人机具有结构简单、载重大、续航时间长、适用范围广等优点,继承了电动式无人机和油动式无人机的优点,并克服了它们的缺点。

0.1.3 无人机的特点及对比分析

1. 无人机的特点

固定翼无人机在三类无人机中续航时间最长、飞行效率最高、载荷最大,且飞行稳定性高,但在起飞时必须要助跑或者借助器械弹射,降落时必须要滑行或是利用降落伞降落。

无人直升机可垂直起降,不需跑道,地形适应能力强,但其机械结构复杂,维护成本高,续航时间和速度都低于固定翼无人机。

多旋翼无人机能够实现垂直起降,并且自身机械结构简单,无机械磨损;但其续航时间及载重能力在三种飞行器中是最低的。

2. 固定翼无人机、无人直升机和多旋翼无人机的对比分析

◆ 在续航时间和载重能力方面　固定翼无人机可以以较低的功率进行巡航,而无人直升机螺旋桨产生的升力必须一直大于或等于机身的重量,所以固定翼无人机的飞行效率是最高的;无人直升机与多旋翼无人机相比,其螺旋桨直径更大,气动效率更高。

◆ 在起降便利性方面　固定翼无人机的起降必须借助跑道或者专用器械,所以其起降的便利性是最差的;多旋翼无人机和无人直升机都可以垂直起降,起降便利性差别不大。

◆ 在操纵难易度方面　拥有飞行控制系统的多旋翼无人机起降简单、操控易上手,

其操控难度是最低的；固定翼无人机起降较复杂，空中操控较简单；无人直升机操控复杂，且在飞行时会产生较大的气浪声，容易对操控者造成心理压力。

◆ **在工作可靠性方面** 多旋翼无人机没有传动部件，唯一旋转的部件就是螺旋桨，所以其工作可靠性是较高的；固定翼无人机工作可靠性也较高，但是其内部有进行传动控制的结构，降低了可靠性；无人直升机拥有复杂的传动结构、减速结构、控制结构，工作可靠性相对较低。

从以上的比较来看，多旋翼无人机主要的优点在于操控简单、起降方便、工作可靠，这也是其在短短十几年时间内迅速发展成为航拍、影视、植保主要飞行器平台的原因。

3. 多旋翼无人机与单旋翼无人直升机的比较

从 1939 年至今，几十年来单旋翼无人直升机一直占据着旋翼飞行器家族的"霸主"地位，世界上 90% 以上的无人直升机都是单旋翼无人直升机，其他类型的无人直升机（共轴式、横列式、纵列式）加起来也占不到 10%。将多旋翼无人机与单旋翼无人机进行比较，可以看出多旋翼无人机所特有的特点或优点。

◆ **飞行效率** 单旋翼无人直升机飞行时，尾桨要损耗 15% 左右的发动机功率。相比之下，多旋翼无人机因为省去了多余的尾桨，所以比单旋翼无人直升机飞行效率要高。

◆ **飞行控制方式** 单旋翼无人直升机与多旋翼无人机之间最大的区别在于旋翼系统有无自动倾斜器，前者的旋翼采用自动倾斜器来实现桨叶周期变距；后者的旋翼取消了自动倾斜器，桨叶没有周期变距，旋翼采取变速（电动式无人机）或变总距（油动式无人机）的方法来改变升力的大小，所以飞行控制非常简单。

◆ **结构** 多旋翼无人机取消了结构复杂、活动零部件比较多的自动倾斜器及液压操纵系统，而且没有尾翼，因而其机械结构简单，维护比较方便。

◆ **操控性** 多旋翼无人机操控简单，遥控器的 4 个遥感操控对应多旋翼无人机前后、左右、上下和偏航方向的运动，飞行控制系统控制方法和控制器参数调节都很简单方便，转向和变线更灵活。

◆ **可靠性** 多旋翼无人机活动部件少，故障率低，可靠性高。

◆ **安全性** 由于多旋翼无人机的旋翼多，当某个旋翼出现故障时，其余旋翼可起到保障飞行安全的作用，因而其安全性更好。苏黎世联邦理工学院已经开发出了一种能够防止多旋翼无人机因为其中一个旋翼失灵而坠毁的算法。当一个旋翼失灵时，多旋翼无人机开始以特定算法设计的方式在空中旋转，不至于直接坠毁，最后会以一定的角度慢慢下降，和平时的降落没有太大区别。

◆ **维护性** 多旋翼无人机传动结构简单，维护简便；采用通用、标准化零部件多，互换性好。

◆ **耦合特性** 多旋翼无人机具有高度的耦合特性，一个旋翼升力发生变化时，其他旋翼及整个系统会做出相应的调整。为了及时、准确无误地响应这种调整要求，需要使用可靠的自动控制器。

4．电动式无人机与油动式无人机的对比分析

电动式无人机和油动式无人机都是目前市场上广受青睐的无人机类型，其中电动式无人机大多属于消费级，油动式无人机大多属于工业级。针对不同的用途和使用环境，它们都大有用武之地，从性能和特点上进行对比分析，两者各有千秋。

◆ 续航能力　油动式无人机优于电动式无人机。一般情况下，电动式无人机采用聚合物锂电池作为能源，飞行 20 min 或 0.5h 左右就需要更换电池，如果采用燃料电池，则可以飞行 3h；油动式无人机的续航时间基本上不受限制，主要由机上携带的油量来决定，一般可达几小时或更长时间。

◆ 旋翼尺寸　油动式无人机优于电动式无人机。由于旋翼直径越大越难改变其转速，因此电动式无人机通过变速来改变旋翼升力大小。此方法限制了旋翼直径，如果旋翼直径太大，桨叶的转动惯量会很大，调节桨的转速反应就会很慢，这会导致无人机不好控制，甚至不能控制。油动式无人机通过变距来改变旋翼升力大小，此方法就没有这种限制。

◆ 载重能力　油动式无人机优于电动式无人机。一般情况下，电动式无人机载重量只有几千克，油动式无人机载重量可达几百、几千千克或更多。

◆ 操控性　油动式无人机优于电动式无人机。油动式无人机通过变距来改变旋翼升力大小，其操控响应速度要比电动式无人机通过变速来改变升力大小的方法快。

◆ 安全性　油动式无人机优于电动式无人机。对于油动式载人无人机，当飞行中出现自动控制或动力系统发生故障，无法正常工作的紧急情况时，机上乘员可立即按下应急按钮，使旋翼与发动机脱钩，让旋翼处于无动力的自转状态。由于旋翼没有动力，飞行器下坠过程中所产生的相对气流会从下往上吹动旋翼旋转，就好像风车一样，从而重新产生升力，使飞行器可以比较平稳地着陆。

◆ 抗风能力　油动式无人机优于电动式无人机。油动式无人机旋翼变距的操控动作要比改变电动机转速的动作灵活很多，飞行中遇到风时，其反干扰的响应速度也就快很多；另外，电动式无人机大多是微小型的，总体重量轻，相比之下，油动式无人机的抗风能力则要强得多。

◆ 价格和成本　油动式无人机优于电动式无人机。电动式无人机价格便宜，但使用成本高，因为它靠聚合物锂电池飞行，电能消耗大，充电一次只能飞 20min，需经常充电及更换电池，而电池价格高、寿命短。油动式无人机价格高，但使用维护成本低。按照总成本（购置费用加上使用维护费用）计算，油动式无人机优于电动式无人机。

◆ 载客特性　油动式无人机优于电动式无人机。载人无人机因为要载人，所以必须要有更强大的承载能力。电动式无人机首先要解决的就是续航时间问题。电动式无人机采用锂电池，续航时间只有 20min 左右，显然安全保障系数太低，会出现飞到目的地但没法降落的情况。如果采用燃料电池，续航时间也只能达到 3h。油动式无人机由于动力装置

的功率足够大，载重量大、航程长，且续航时间长，因此可以制造成能乘坐多人甚至几十人的大型客机。而电动式无人机因受到旋翼直径不能太大的限制，其载重能力小，只能制造成能乘坐很少人的轻小型客机。

0.1.4 无人机的发展

1．军用无人机进展

◆ 起步阶段（1917—1963年） 20世纪初，无人机开始起步。1914年，英国的卡德尔和皮切尔两位将军提出了一种用无线电操控的小型飞机设想（图0-5），但没有进行研制。1916年，美国海军研制了斯皮里"空中鱼雷"式无人机（图0-6）和凯特林"空中鱼雷"式无人机（图0-7）。但是这些无人机在起飞后都无法回到起飞点，所以没法对其加以再利用。直到1935年，英国研制了"蜂后"无人机（图0-8），

图0-5 无人机的诞生

无人机才能返回其起飞点，这在很大程度上提高了其实用性，大大促进了无人机的发展。1944年，德国工程师弗莱舍·弗鲁岑豪设计了"复仇武器"1号（V-1）无人机（图0-9），飞行速度为470mile/h（756.4km/h）。V-1是现代巡航导弹的先驱。

图0-6 斯皮里"空中鱼雷"式无人机

图0-7 凯特林"空中鱼雷"式无人机

图0-8 "蜂后"无人机

图0-9 "复仇武器"1号无人机

伴随测量技术的发展，世界各国也开始着手对无人机装载测量装置进行改造，使其具有战场侦察监视、目标探测和电子战能力，如美国的"火蜂"无人机（图0-10）。在相当长一段时期内，无人机基本上都是靶机的一种别称。除靶机外，无人机在军事方面的应用发展缓慢，直到近代几场局部战争，无人机才崭露头角，逐步成为除有人驾驶飞机和导弹以外的另一类作战武器。

图0-10 "火蜂"无人机

◆ **实用阶段（1964—1990年）** 无人机第一次大规模应用于战争开始于越南战争。战争初期，越南防空火力对美军构成很大的威胁。为减少损失，美军首次使用了改装后的"火蜂"无人机，在越南执行空中照相侦察和电子情报侦察等任务，收到明显成效，损失率仅为16%。在1973年的第四次中东战争中，以色列沿苏伊士运河大量使用美国研制的"BQM-74C石鸡"多用途无人机，模拟有人作战机群，掩护有人机超低空突防，成功摧毁了埃及沿运河部署的地空导弹基地。1982年6月，在第五次中东战争中，以色列派遣了"猛犬"无人机从1500m高度进入贝卡谷地上空，发出酷似以色列战斗机大小的"电子图像"，诱使地空导弹阵地的雷达开机并发射大量地空导弹。这时以色列军队派出的"侦察兵"无人机搜集到了叙利亚军队雷达的位置、频率等信息。根据这些信息，以色列军队进行了反击。2h的战斗结束后，以色列空军毫无损失，而叙利亚的19个防空导弹阵地顷刻变成废墟。以色列军队对无人机的成功运用引起了各国军方的重视，加之无人机造价低、用途广、零伤亡等方面的优势，引起了各国竞相研究与采购无人机的热潮，这也进一步促进了无人机的快速发展和使用。

◆ **崛起阶段（1991—2009年）** 进入20世纪90年代，冷战结束后，各国军费削减、军队裁员，迫使军方努力寻求既能完成特定任务，又花费较少的武器装备，这无疑促进了无人机的发展。从军事侦察的角度来看，无人机是侦察卫星和有人侦察机的重要补充和增强手段；与侦察卫星相比，无人机具有成本低、侦察地域控制灵活、地面目标分辨率高等特点；与有人侦察机相比，无人机具有可昼夜持续侦察的能力，不必考虑飞行员的疲劳和伤亡问题，再加上电子技术和航空航天技术的飞速发展，为无人机满足军事需求在技术上提供了可能。海湾战争时期，多国部队使用多种无人机在伊拉克军队前沿和纵深阵地实施昼夜侦察，获取了伊拉克军队地空导弹阵地、坦克、飞机机库、仓库和掩体等目标的实时准确图像和数据信息，为战争胜利提供了大量可靠的情报支援。在科索沃战争中，美国及北约盟国首先使用无人机当开路先锋,共使用美国"RQ-1A 捕食者"(图 0-11)、美国"猎人"(图 0-12)、以色列"先锋"(图 0-13)、法国"红隼"(图 0-14)、加拿大"CL-289"、英国"不死鸟"、意大利"米拉奇-26"7 种无人机 300 多架,用于中低空侦察和长时间战场监视,在电子对抗、战况评估、目标定位、收集气象资料、营救飞行员和散发传单等任务中,发挥了有人机难以发挥的作用。以上诸原因促使军用无人机的发展进入了一个新的时代,并在 20 世纪末形成了三次发展浪潮。

图 0-11　美国"RQ-1A 捕食者"无人机

图 0-12　美国"猎人"无人机

图 0-13　以色列"先锋"无人机

图 0-14　法国"红隼"无人机

　　第一次浪潮是发展师级战术无人机系统。海湾战争之后,性能各异、技术先进、用途广泛的战术无人机新机种不断涌现,全球共有 30 多个国家装备了师级战术无人机系统,在海、陆、空三军组建了无人机分队,形成了战斗力。代表性机型有以色列的"侦察兵"(Scout,图 0-15)、"先锋"(Pioneer)、"搜索者"(Searcher,图 0-16),美国的"猎人"(Hunter)和"先驱者"(Outrider),法国的"玛尔特"(Mart)和"红隼"(Cerebella),德国的"布雷维尔"(Revel),加拿大的"CL-289",英国的"不死鸟"(Phoenix),意大利的"米拉奇-26"(Mirach),南非的"探索者"(Seeker)和"秃鹰"(Vulture)及俄罗斯的"熊蜂"(Shmel)等。

图 0-15　以色列"侦察兵"无人机

图 0-16　以色列"搜索者"无人机

第二次浪潮是发展中高空长航时无人机系统。1993 年，美国启动了"蒂尔"（Tier）无人机发展计划。自从美国的"捕食者"（Predator）中空长航时无人机在波黑和科索沃战场中试用并获得成功之后，形成了第二次发展浪潮。虽然这次浪潮的规模比第一次浪潮小得多，仅有美国、以色列、法国等少数国家投资发展，但因长航时无人机所独具的全天候和大纵深侦察监视能力，有许多国家对此表示了极大的兴趣。其代表性机型有美国的"捕食者""全球鹰"（Global Hawk，图 0-17）和"暗星"（Dark Star），以色列的"苍鹭"（Heron，图 0-18）和"赫尔姆斯"（Hermes），法国的"鹰"（Eagle）和"萨若海尔"（Sarohale）等。

图 0-17　美国"全球鹰"无人机

图 0-18　以色列"苍鹭"无人机

第三次浪潮是发展旅/团级战术无人机系统。该浪潮出现在 20 世纪末，与大型无人机相比，此类无人机体积小、机动性好、价格低廉、使用简便且容易与其他军事设备配套。该类无人机装备陆军、海军陆战队旅/团级部队和海军舰队，可执行多种军事任务，用途极为广泛，非常适合大多数发展中国家的需求，采购量大大超过前两次浪潮。其代表机型有美国的"影子 200"（Shadow200，图 0-19）和"火力侦察兵"（Fire Scout，图 0-20）等。

图 0-19　美国"影子 200"无人机

图 0-20　美国"火力侦察兵"无人机

2. 民用无人机的发展概况

由于军用无人机的显著优势及其灵活机动的特性，其相关技术也不断向民用方面扩展，为无人机产业化创造了条件。早在 1983 年，日本雅马哈公司就采用摩托车发动机，开发了一种用于喷洒农药的无人直升机。1989 年，其成为首架试飞成功的无人直升机。2003 年，美国国家航空航天局（National Aeronautics and Space Administration，简称 NASA）成立了世界级的无人机应用中心，专门研究装有高分辨率相机传感器的无人机的商业应用。2007 年，美国宇航局使用"伊哈纳"（Ikhana）无人机对森林大火的严重程度以及灾害的损失进行了评估。2011年，墨西哥湾钻井平台爆炸后，艾伦实验室公司用无人机协助进行了溢油监测和溢油处理。以色列也专门组建了一个民用无人机及其工作模式的试验委员会，2008年给予"苍鹭"无人机非军事任务执行证书，并与有关部门合作开展了多种民用任务的试验。在2006年，欧洲制定并即刻实施了"民用无人机发展路线图"，之后欧盟拟筹建一个泛欧民用无人机协调组织，来帮助解决最关键的空中安全和适航问题。

中国对民用无人机的研究起步较早，近年来发展尤为迅速。早在20世纪80年代，中国就尝试将自行开发的无人机用于地图测绘和地质勘探。2010年，专为民用研制的"黔中1号"无人机（图0-21）顺利实现首飞；2011年，国产"蜜蜂-28"无人机（图0-22）实现了全自主起飞、着陆、悬停和航路规划，并应用于农业喷洒、电力巡检、防灾应急、航拍测绘、中继通信等。

图0-21 中国"黔中1号"无人机

图0-22 中国"蜜蜂-28"无人机

总之，世界各国都在广泛开展民用无人机技术的研究，拓展无人机在民用方面的应用深度和广度。由于无人机各方面技术的成熟，以及成本的大幅下降，民用无人机实现了爆发式发展。

0.2 无人机系统组成及性能指标

0.2.1 无人机系统组成

无人机系统（Unmanned Aerial System，UAS）是指由无人机、相关的遥控站、所需的指令与控制数据链路以及任务设备组成的系统。该系统主要由无人机机体平台分系统、航电分系统、地面站分系统、任务设备分系统及地面保障设备分系统五部分组成。

1. 机体平台分系统

该系统主要由结构系统及动力系统两部分组成。结构系统是其他所有机载设备、模块的载体，主要包括机架和起落架。动力系统主要包括螺旋桨、电动机、电调及电池。

2. 航电分系统

该系统主要由飞行控制系统和导航系统两部分组成，承担着无人机飞行控制、导航、数据通信管理、执行相关任务等工作，是无人机系统的核心组成部分。

3. 地面站分系统

该系统是整个无人机系统的指挥控制中心，通过地面站分系统可以对无人机的各种飞行数据和任务设备状况等进行实时的监控，以便发生紧急情况时能够及时地采取相应处理措施来保证无人机的安全，同时方便事前规划和事后分析处理。地面站分系统主要由通信链路、地面控制站和地面站软件组成。

4. 任务设备分系统

该系统主要由任务载荷及其相配套的系列机载和地面设备共同组成。任务设备分系统的具体组成和无人机所执行的任务相关。根据任务的不同，同一型号的无人机也可装载不同的任务设备，通常将军用无人机任务设备分系统分为侦察设备、电子战设备、攻击设备、通信中继设备等；民用无人机任务设备主要有数字航空照相机、可见光电视摄像机、红外热像仪和合成孔径雷达（SAR）。其中数字航空照相机、可见光电视摄像机主要执行昼间巡检任务，红外热像仪主要执行夜间巡检任务，合成孔径雷达（SAR）主要执行全天候巡检任务。此外，为了完成巡检目标定位、指示等任务，还可安装激光测距或目标指示设备等。

5. 地面保障设备分系统

该系统主要由无人机运输与发射或起飞保障设备和降落或回收保障设备组成，用于保证无人机顺利飞行和完成指定的任务。

0.2.2　无人机性能指标

1. 起飞重量

无人机在起飞前的重量。这时发动机尚未起动，起飞重量应不大于最大起飞重量。

2. 最大起飞重量

依据无人机的设计或运行限制，无人机起飞时所能容许的最大重量。

3. 最大平飞速度

在一定飞行高度，无人机所能达到的最大定常水平飞行速度。

4. 巡航速度

将无人机飞行过程中单位距离消耗能源最少的速度称为巡航速度。

5. 续航时间（简称航时）

无人机在不进行能源补充的情况下，耗尽动力能源所能持续飞行的时间。

6．绝对高度

无人机至平均海平面的垂直距离。

7．临界高度

在此高度以上，无人机无法获得满意性能的高度。

8．真实高度

无人机与其正下方地球表面或地形之间的垂直距离。

思考题

1. 什么是无人机及无人机系统？
2. 按飞行平台构型把无人机分为哪些种类？
3. 无人机与航模的主要区别是什么？
4. 简述无人机系统的组成。
5. 常见的无人机平台构型有哪些？

考证训练

1. 无人机的英文缩写是（　　）。
   A．UVS　　　　B．UA.S　　　　C．UAV　　　　D．UVA
2. 近程无人机活动半径为（　　）。
   A．小于15km　　　　　　　B．15～50km
   C．50～200km　　　　　　D．200～800km
3. 一般任务高度在0～100m的无人机为（　　）。
   A．超低空无人机　　　　B．低空无人机
   C．中空无人机　　　　　D．高空无人机
4. 不属于无人机机型的是（　　）。
   A．塞纳斯　　　B．侦察兵　　　C．捕食者　　　D．全球鹰
5. 不属于无人机系统的是（　　）。
   A．飞行器平台　　B．飞行员　　C．导航飞控系统　　D．地面站
6. 低空无人机任务高度一般为（　　）。
   A．0～100m　　　　　　　B．100～1000m
   C．1000～7000m　　　　　D．7000～18000m
7. Ⅲ级别无人机指（　　）。
   A．空机质量≤1.5 kg，起飞全重≤1.5 kg
   B．1.5 kg＜空机质量≤4 kg，1.5 kg＜起飞全重≤7 kg
   C．4 kg＜空机质量≤15 kg，7 kg＜起飞全重≤25 kg
   D．7 kg＜空机质量≤116 kg，25 kg＜起飞全重≤150 kg

第 1 章 无人机结构与飞行原理

无人机 结构与系统

学习导引

根据不同的平台构型，无人机主要分为固定翼无人机和旋翼无人机两大平台。旋翼无人机又分为无人直升机和多旋翼无人机。本章主要介绍固定翼无人机、无人直升机和多旋翼无人机的结构组成及飞行原理和飞行控制，以便读者全面系统地认识无人机机体平台及原理。

学习目标

1. 掌握多旋翼无人机的结构组成及每种结构的主要参数；
2. 了解每种多旋翼无人机结构的功能及选用注意事项；
3. 掌握多旋翼无人机飞行原理与飞行控制；
4. 了解六自由度、机体坐标及飞行姿态；
5. 掌握无人直升机的结构组成、桨毂种类及自动倾斜器的组成；
6. 了解每种无人直升机的结构组成；
7. 掌握无人直升机飞行原理、飞行控制及常见无人直升机结构型式；
8. 了解无人直升机的种类；
9. 掌握固定翼无人机的飞行原理及增升装置的种类；
10. 了解每种增升装置的原理；
11. 掌握固定翼无人机阻力种类及减阻措施；
12. 了解各种阻力的产生原因。

1.1 机体坐标轴和基本运动状态

机体坐标轴和基本运动状态

通过无人机重心的三条互相垂直、以机体为基准的坐标轴，称为机体坐标轴，如图 1-1 所示。

◆ 纵轴（OX）从机头穿透机身的中心，从机尾穿出来的轴线，方向指向前。无人机沿着纵轴的水平运动称为前后运动，围绕纵轴的运动称为滚转运动。

◆ 横轴（OZ）从一边的机翼末端，穿过机翼、机身，再从另一边机翼延伸到末端穿出来的轴线。无人机沿着横轴的水平运动称为左右运动，围绕横轴的运动称为俯仰运动。

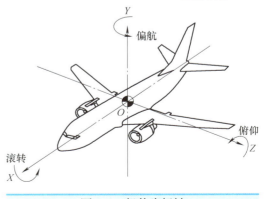

图 1-1 机体坐标轴

◆ 立轴（OY） 由上向下通过无人机重心，并与纵轴（OX）和横轴（OZ）相互垂直的轴线。无人机沿着立轴的水平运动称为升降运动，围绕立轴的运动称为偏航运动。

1.2 多旋翼无人机的结构及飞行原理

1.2.1 结构组成

多旋翼无人机实质上属于直升机的范畴，需要由动力系统提供多个旋翼的旋转动力，同时旋翼旋转产生的转矩需要相互抵消，所以多旋翼无人机的旋翼数量大多数为偶数。多旋翼无人机按轴数分为三轴、四轴、六轴、八轴等。按电动机台数分为三旋翼、四旋翼、六旋翼、八旋翼等。轴数和旋翼数一般情况下是相同的，但是有时候也是不同的，比如四轴八旋翼无人机，是在每个轴上、下各安装一台电动机构成的。本书主要以介绍四旋翼无人机为主（图 1-2）。多旋翼无人机按旋翼布局分为 I 型、X 型、V 型、Y 型、IY 型等，

图 1-2 多旋翼无人机

如图 1-3 所示。由于 X 型结构的多旋翼无人机任务载荷前方的视野比 I 型多旋翼无人机更加开阔，且控制灵活，所以在实际应用中，多旋翼无人机大多采用 X 型外形结构。

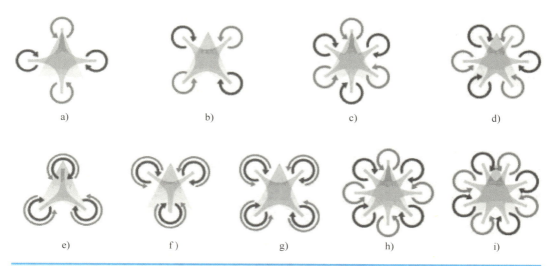

图 1-3 多旋翼无人机的外形结构

a) I 型四旋翼　b) X 型四旋翼　c) I 型六旋翼　d) X 型六旋翼　e) IY 型共轴双桨六旋翼
f) Y 型共轴双桨六旋翼　g) X 型共轴双桨八旋翼　h) I 型八旋翼　i) V 型八旋翼

多旋翼无人机主要由机架、电动机、电调、电池、螺旋桨、飞行控制系统和遥控系统组成。

1. 机架

常规多旋翼无人机的机架通常包括机身（机臂和中心板）和起落架，如图 1-4 所示，用于为多旋翼无人机提供稳定的飞行平台，提供安全的起飞、降落条件，避免机上的仪器设备受到损坏，提供零部件安装接口。

多旋翼无人机的结构组成

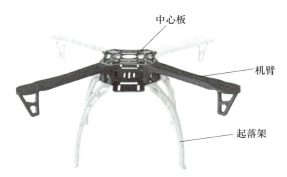

图 1-4 机架

◆ 机架材质

1）塑料：具有一定的刚度、强度和可弯曲度，易加工且价格便宜。

2）玻璃纤维：刚度和强度比较高，加工困难，价格较高，但密度小，可以减轻整体机架的重量。

3）碳纤维：刚度和强度高，加工困难，价格较高，但密度小，可以减轻整体机架的重量。出于结构强度和重量考虑，一般采用碳纤维材质机架。

◆ 轴距　轴距是多旋翼无人机的重要尺寸参数，是指多旋翼无人机两个驱动轴轴线间的距离，即为对角线上的两电动机轴线间的距离，如图 1-5 所示。轴距的大小限定了螺旋桨的桨距尺寸上限。

图 1-5 轴距

2. 电动机

电动机是多旋翼无人机的动力来源，提供升力和推力等。电动机分为有刷电动机和无刷电动机两种，多旋翼无人机通常使用无刷电动机，主要是因为无刷电动机省去了电刷，这样电动机运转时不会产生电火花，可极大地减少电火花对无线电遥控设备的干扰，且运转时摩擦力大大减小，运行顺畅，噪声低。

电动机

◆ 尺寸　在无刷电动机的铭牌上有一组四位数字，如2212、2216等，如图1-6所示。它表示电动机的尺寸，前面两位数字是电动机转子的内直径，后面两位数字是电动机转子的高度，单位为毫米（mm）。例如2212电动机转子的内直径为22 mm，转子的高度为12 mm。前面两位数字越大，电动机越粗，后面两位数字越大，电动机越高。高大粗壮的电动机，功率就更大，适合驱动更大的多旋翼无人机。

◆ KV值　在无刷电动机的铭牌上还有一组数字，如KV950，如图1-6所示。它表示当电动机的输入电压增加1V时，无刷电动机空转转速增加的值，单位是"转速/伏特"[r/(min·V)]。

图1-6　电动机

例如KV950电动机，外加1V电压，电动机空转转速为950r/min；外加2V电压，电动机的空转转速是1900r/min；电压为10V时，电动机的空转转速将达到9500r/min。单从KV值，不可以评价电动机的好坏，因为不同KV值适用不同尺寸的螺旋桨。KV值小的电动机的绕组匝数更多、更密，能承受更大的电流，所以可以产生更大的转矩去驱动更大尺寸的螺旋桨；相反，KV值大的电动机的绕组匝数少，产生的转矩小，适合驱动小尺寸的螺旋桨。

3. 电子调速器

电子调速器（Electronic Speed Controller，简称ESC）通常称为电调，是连接电池、飞行控制系统和电动机的部件。无刷电动机应该选用无刷电调，无刷电调的输入电流是直流，可以接锂电池；输出电流是三相交流，直接与电动机的三相输入端相连，如图1-7所示。如果上电后，电动机反转，只需要把这三根线中的外边两根对换位置即可。电调还有三根信号线，用来与飞行控制系统连接，控制电动机的运转。

图1-7　电调

电子调速器

◆ 电调的作用

1）电动机调速：这是电调最基本的功能，就是将飞行控制系统的控制信号转变为电流的大小，以控制电动机的转速。因为电动机的电流是很大的，通常每台电动机正常工作时平均有 3A 左右的电流，如果没有电调的存在，飞行控制系统根本无法承受这样大的电流。

2）变压供电：发挥了变压器的作用，如将 11.1V 的电压转变为 5V，为飞行控制系统和遥控系统供电。

3）电源转化：充当换相器的角色，因为无刷电动机没有电刷进行换相，所以需要靠电调进行电子换相，把直流电变换为三相交流电供给无刷电动机。因此无刷电动机虽然是交流电动机，但是因为它的动力电源是直流电，因此也把无刷电动机称为无刷直流电动机。

4）其他功能：电调还有一些辅助功能，如电池保护、起动保护、制动等。

◆ 电调的参数

1）最大持续/峰值电流：是无刷电调最重要的参数，通常以安培数（A）来表示，如 10A、20A、30A。最大持续电流是指在正常工作模式下的持续输出电流，峰值电流是指电调能承受的最大瞬时电流。每个电调都会在铭牌上标注最大持续电流，如图 1-7 所示。在选择电调时，一般留有 20% 的安全裕度，以免电调被烧坏。如 20A 的电调一般留出 4A 的安全裕度。也就是大电流的电调可以兼用在小电流的场合，但小电流电调不能超标使用。不同电动机需要配不同的电调，一般要求是电动机中所允许的最大电流小于电调所标定的电流。如果通过电调的电流大于其所标定的最大电流，电调将烧毁。

2）电压范围：电调能够正常工作所允许输入的电压范围也是非常重要的参数。例如，在电调铭牌上可以看到标注 "2-3S LIPO" 字样（图 1-7），表示这个电调适用于 2~3 节电芯串联的锂聚合物电池，也就是说，它正常工作的电压范围为 7.4~11.1V。

3）内阻：电调都有内阻，通过电调的电流有时可以达到几十安培，所以电调的发热功率不能被忽视。为了减少热能耗散，电调的内阻应当尽可能小。

4）刷新频率：电动机响应速度很大程度上依赖于电调刷新频率。在多旋翼无人机发展之前，电调是专为航模或车模设计的。当时伺服电动机的最大工作频率是 50Hz，因此电调的刷新频率也定为 50Hz。理论上来说，电调刷新频率越高，电动机响应速度越快。多旋翼无人机需要实现螺旋桨转速的快速变化来改变拉力大小，所以多旋翼无人机电调的刷新频率往往比其他电调要高，可达到 500Hz。

5）可编程特性：通过调整电调内部参数，可以使电调的性能达到最佳。可通过编程卡、USB 接口连接计算机使用软件及通过接收器用遥控器摇杆这三种方式来设置电调参数。可设置的电调参数有油门行程、电流限定、制动模式、油门控制模式、切换时序、断电模式、起动模式、PWM 模式等。

◆ 常用电调　无刷电调按照电流大小分为 30A、40A、50A、60A、80A、120A 电调等；按品牌分有好盈、银燕、新西达、中特威等，还有一些较为昂贵的电调，如蝎子和凤凰等品牌。

4. 电池

电池是能量装置，为无人机提供电能。可用来作为无人机动力源的电池种类很多，常见的有锂电池（LiPo）和镍氢电池（NiMh），主要源于其优良的性能和价格优势。然而，对于多旋翼无人机而言，电池单位重量的能量载荷在很大程度上限制了其飞行时间和任务设备，续航时间不够的关键就在于电池容量较小。在相同电池容量的情况下，锂电池最轻，效率最高，因此，多旋翼无人机大多选择锂电池。一般锂电池分为普通锂电池和智能锂电池，如图1-8所示。

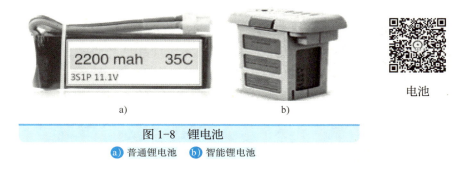

图1-8 锂电池
a) 普通锂电池 b) 智能锂电池

◆ 连接方式　电池串联可以获得更大的电压，但电池容量保持不变；电池并联可以得到更大容量，但电压不变。通过电池的合理串并联组合，可以获得无人机飞行所需要的电压和容量。通常用字母"S"表示电池串联，用字母"P"表示电池并联，如图1-9所示。

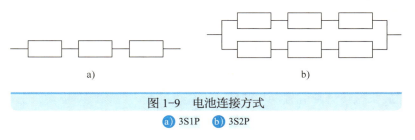

图1-9 电池连接方式
a) 3S1P b) 3S2P

◆ 参数

1）电压：锂电池单节电压为3.7V，容量为2200mA·h，3S1P（图1-9 a）表示3块锂电池串联，其总电压为3.7×3V=11.1V，容量仍为2200mA·h，如图1-8a所示；3S2P（图1-9b）表示3块锂电池串联，然后两个这样串联结构再并联，其总电压为3.7×3V=11.1V，容量为2200×2mA·h=4400mA·h。

2）容量：电池容量单位为毫安时（mA·h）。电池的容量越大，存储的能量就越多，可以提供的续航时间就越长，不过重量也越大。如1000mA·h的电池，如果以1000mA的电流放电，可持续放电1h。如果以500mA的电流放电，可以持续放电2h。随着持续放电的进行，电池的放电能力在下降，其输出电压也会随之下降，这会导致放电时间与剩余容量是非线性关系。每完成一次充放电过程，电池的实际容量都会降低一点，在正常周期内维持理论容量的80%。所以要加强电池的日常保养,尽量延长其使用寿命。

3)充放电倍率:表示电池充放电时的电流大小,是电池充放电快慢的量度,其计算公式是充放电倍率=充放电电流/额定容量,单位为C。例如100A·h的电池以20A电流放电时,其放电倍率为0.2C,5h放电完毕。容量为2200mA·h、最大放电倍率为35C、充电倍率为5C的电池,其最大放电电流为2200×35mA=77000mA=77A,最大充电电流则是2200×5mA=11000mA=11A。如果用低充放电倍率的电池以大电流放电,电池会迅速损坏,甚至自燃。放电时,不能把电池的电量完全放完,否则电池也将损坏。充电时,千万不能用大电流或超过规定的参数充电,否则电池很容易损坏。

4)平衡充电:常用3S电池,内部是3节锂电池,因为制造工艺原因,没办法保证每块电池完全一致,充电放电特性都有差异,在电池串联的情况下,就容易造成某块电池放电过度或充电过度或充电不饱满等。解决办法是分别对内部单节电池充电,平衡充电就能起到这个作用。动力锂电池都有2组线,1组是输出线(2根),1组是单节锂电池引出线(与S数有关),充电时按说明书将其都插入充电器内,就可以进行平衡充电了。

5. 螺旋桨

螺旋桨的作用是由电动机驱动使其高速旋转,产生升力。其外形结构非常简单,一般由两片桨叶和中间的桨毂固定在一起构成。螺旋桨桨叶按材质一般可分为尼龙桨、碳纤维桨和木桨等。由于木质螺旋桨比较容易损坏,所以一般不把它用在多旋翼无人机上;碳纤维的重量较轻,刚性较好,效率最高,但价格也是最高的;尼龙螺旋桨则因为其成本较低,外形比较容易做得精确,在小型多旋翼无人机中使用得比较广泛。

多旋翼螺旋桨

◆ 型号 螺旋桨的型号采用四位数字来表示,前两位数字指的是螺旋桨的直径,后两位数字指的是螺旋桨的桨距,单位是in(1in=25.4mm)。桨距其实就是螺旋桨扭转的程度,桨距越大的螺旋桨扭转得越厉害,相同转速下提供的升力越大,对电动机造成的负荷也越大。例如1047螺旋桨,指的是螺旋桨的直径为10in,桨距为4.7in。需要注意,对于小于10in的螺旋桨,直径数字写在最前面,比如8050,螺旋桨直径为8in而并非80in。

◆ 正反桨 四轴飞行为了抵消螺旋桨的自旋,相邻的螺旋桨旋转方向是不一样的,所以需要正反桨。正反桨产生的气流都向下流动。顺时针方向旋转的螺旋桨称为正桨,逆时针方向旋转的螺旋桨称为反桨。安装的时候,一定记得无论正反桨,有字的一面是向上的(桨叶圆润的一面要和电动机旋转方向一致)。

◆ 电动机与螺旋桨的搭配 通常多旋翼无人机采用的螺旋桨越大,升力就越大,但对应需要更大的力量来驱动;螺旋桨转速越高,升力越大;电动机的KV值越小,转动力量就越大。综上所述,大螺旋桨就需要采用低KV值的电动机,小螺旋桨就需要采用高KV值的电动机(因为需要用转速来弥补升力不足)。如果用高KV值的电动机驱动大桨,力量不够,电动机和电调很容易烧坏。如果用低KV值的电动机驱动小桨,完全没有问题,但升力不够,可能造成无法起飞。不同的电动机需要使用对应的螺旋桨,见表1-1。

表 1-1 电动机与螺旋桨的搭配

电动机 KV 值 /[r/ (min·V)]	螺旋桨直径 /in
800～1000	11～10
1000～1200	10～9
1200～1800	9～8
1800～2200	8～7
2200～2600	7～6
2600～2800	6～5
>2800	5～4

6. 飞行控制系统

飞行控制系统是多旋翼无人机的核心设备，其好坏从本质上决定了无人机的飞行性能。飞行控制系统集成了高精度的感应器元件，主要由陀螺仪（飞行姿态感知）、加速计、角速度计、气压计、GPS 及指南针模块（可选配）以及控制电路等组成。飞行控制系统通过高效的控制算法，能够精准地感应并计算出无人机的飞行姿态等数据，再通过主控制单元实现精准定位悬停和自主平稳飞行。机型不一样，可以有不同类型的飞行控制系统，常用的有支持固定翼、多旋翼及直升机的飞行控制系统。

7. 遥控系统

遥控系统由遥控器（图 1-10a）和接收机（图 1-10b）组成，是整个飞行系统的无线控制终端。遥控器与接收机之间通过无线电波进行通信，常用的无线电频率为 72MHz 和 2.4GHz，目前常用 2.4GHz 无线通信，因为它具有频率高、功耗低、体积小、反应快、精度高等优点。目前常用的调制方式有脉冲位置调制（Pulse Position Modulation，简称 PPM，又称脉位调制）和脉冲编码调制（Pulse Code Modulation，简称 PCM，又称脉码调制）两种。PCM 遥控系统不仅具有很强的抗干扰性，还可以方便地采用计算机编程实现各种智能设计。而 PPM 遥控系统操作简单、成本低，但抗干扰性差。在调试、试飞及日常飞行的过程中，PPM 遥控系统均应先开发射机、后开接收机，而 PCM 遥控系统则无所谓。

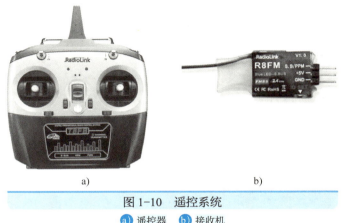

图 1-10 遥控系统

a）遥控器　b）接收机

◆ 通道数　常用的遥控系统有单通道、两通道直至十通道，具体使用几通道，视无人机的种类及用途而定。较为简单的单通道、两通道的遥控系统，一般用来控制练习机、滑翔机。遥控特技固定翼无人机则最少需要四通道，分别控制水平舵、方向舵、副翼及油门。较为完善的特技固定翼无人机还需控制襟翼、收起落架等，至少需要六通道。四旋翼无人机遥控系统最少需要四通道。

◆ 遥控距离　遥控距离的确定仍然需视无人机的种类和用途而定。对于近距离飞行的小型无人机，选用遥控距离为200m的遥控系统；对于无人靶机、飞艇或大型无人机，有时在空中要飞出数千米，就要选用遥控距离至少为1000m的遥控系统。

1.2.2　飞行原理

伯努利原理是空气动力学最重要的理论基础。简单地说，流体的速度越大，静压力越小；速度越小，静压力越大。当多旋翼无人机的螺旋桨在空气中旋转运动时，只要设法使桨叶上部的空气流速较快，其静压力则较小；桨叶下部的空气流速较慢，其静压力则较大。这样就可以利用螺旋桨上、下两边的静压力差，产生向上的升力，抵消地球的引力。当所有螺旋桨产生的总升力大于或等于多旋翼无人机的总重量时，多旋翼无人机就升空了，即在空气中飞起来了。

下面以四旋翼无人机为例，详细讲解如下：

如图1-11所示，电动机1和电动机3逆时针方向旋转的同时，电动机2和电动机4顺时针方向旋转，因此当无人机平衡飞行时，陀螺效应和空气动力转矩效应均被抵消。

与电动直升机相比，四旋翼无人机有下列优势：各个旋翼对机身所施加的反转矩与旋翼的旋转方向相反，因此当电动机1和电动机3逆时针方向旋转时，电动机2和电动机4顺时针方向旋转，可以平衡旋翼对机身的反转矩。四旋翼无人机在空间共有六个自由度（分别沿三个坐标轴做平移和旋转运动），这六个自由度的控制都可以通过调节不同电动机的转速来实现，但只有四个输入力，所以它又是一种欠驱动系统。

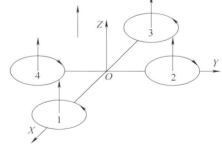

图1-11　四旋翼无人机飞行原理

1.2.3　飞行控制方式

一般情况下，多旋翼无人机可以通过调节不同电动机的转速来实现六个方向上的运动，分别为：垂直、俯仰、滚转、偏航、前后和左右。箭头在旋翼的运动平面上方表示此电动机转速提高，在下方表示电动机转速降低，没有箭头表示此电动机转速不变。

1. 垂直运动（即升降控制）

图1-11中，当同时增加四台电动机的输出功率时，螺旋桨转速增加使得总的升力增大，

当总升力足以克服整机的重量时，四旋翼无人机便离地垂直上升；反之，同时减小四台电动机的输出功率，四旋翼无人机则垂直下降，直至平衡落地，实现了沿 Z 轴的垂直运动。当外界扰动量为零时，在螺旋桨产生的升力等于四旋翼无人机的自重时，四旋翼无人机便保持悬停状态。保证四个螺旋桨转速同步增加或减小是使无人机垂直运动的关键。

2. 俯仰运动

图 1-12 中，电动机 1 的转速上升，电动机 3 的转速下降，电动机 2 和电动机 4 的转速保持不变。为了不因为螺旋桨转速的改变而引起四旋翼无人机整体转矩及总拉力的改变，螺旋桨 1 与螺旋桨 3 转速变量的大小应相等。由于螺旋桨 1 的升力上升，螺旋桨 3 的升力下降，产生的不平衡力矩使机身绕 Y 轴旋转（方向见图 1-12）。同理，当电动机 1 的转速下降、电动机 3 的转速上升时，机身便绕 Y 轴向另一个方向旋转，实现四旋翼无人机的俯仰运动。

3. 滚转运动

与图 1-12 的原理相同，在图 1-13 中，改变电动机 2 和电动机 4 的转速，保持电动机 1 和电动机 3 的转速不变，则可使机身绕 X 轴旋转（正向和反向），实现四旋翼无人机的滚转运动。

多旋翼无人机操控

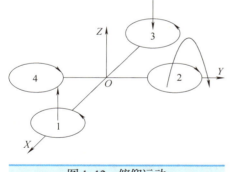

图 1-12 俯仰运动

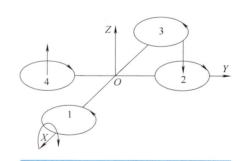

图 1-13 滚转运动

4. 偏航运动

四旋翼无人机偏航运动可以借助螺旋桨产生的反转矩来实现。螺旋桨转动过程中由于空气阻力作用会形成与转动方向相反的反转矩。为了克服反转矩的影响，可使四个螺旋桨中的两个正转，两个反转，且对角线上的各个螺旋桨转动方向相同。反转矩的大小与螺旋桨转速有关，当四台电动机转速相同时，四个螺旋桨产生的反转矩相互平衡，四旋翼无人机不转动；当四台电动机转速不完全相同时，不平衡的反转矩会引起四旋翼无人机转动。在图 1-14 中，

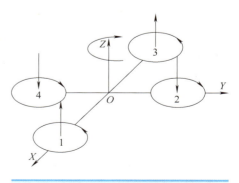

图 1-14 偏航运动

当电动机 1 和电动机 3 的转速上升,电动机 2 和电动机 4 的转速下降时,螺旋桨 1 和螺旋桨 3 对机身的反转矩大于螺旋桨 2 和螺旋桨 4 对机身的反转矩,机身便在富余反转矩的作用下绕 Z 轴转动,实现四旋翼无人机的偏航运动,且转向与电动机 1、电动机 3 的转向相反。

5. 前后运动

要想实现无人机在水平面内的前后运动,必须在水平面内对无人机施加一定的力。在图 1-12 中,增加电动机 1 的转速,使升力增大,相应减小电动机 2 的转速,使升力减小,同时保持其他两台电动机转速不变,反转矩仍然要保持平衡。四旋翼无人机首先产生一定程度的倾斜,从而使螺旋桨升力产生水平分量,因此可以实现四旋翼无人机的后飞运动。向前飞行与向后飞行正好相反。当然在图 1-12 中,四旋翼无人机在产生俯仰运动的同时也会产生沿 X 轴的水平运动,即前后运动。

6. 侧向运动(左右运动)

在图 1-13 中,由于无人机结构对称,所以侧向运动的工作原理与前后运动完全一样。

1.3 无人直升机的结构及飞行原理

1.3.1 结构组成

无人直升机主要由主旋翼、尾桨、起落架、机身、传动装置、动力装置等构成,如图 1-15 所示。

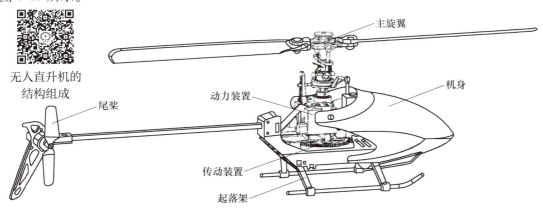

图 1-15 无人直升机的结构组成

1. 主旋翼系统

主旋翼系统是直升机最重要的操纵面,使用操纵机构控制旋翼拉力的大小和方向,可实现对直升机的主要飞行操纵。

直升机上可以有一个或两个旋翼。对于通常的双旋翼系统,旋翼的旋转方向是相反的,以抵消彼此的转矩,从而保持整体稳定,消除旋转的趋势,如图 1-16 所示。

图 1-16　双旋翼直升机

主旋翼系统由自动倾斜器、桨叶和桨毂组成。自动倾斜器又称斜盘（俗称十字盘），用来改变旋翼桨叶的桨距。自动倾斜器主要由变距拉杆、旋转环、不旋转环等组成，如图 1-17 所示。通过操纵它可实现无人机升降、前后、左右运动。

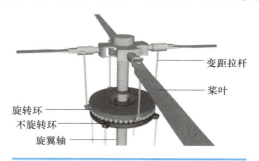

图 1-17　自动倾斜器的结构组成

主旋翼形式是由桨毂形式决定的。它随着材料、工艺和旋翼理论的发展而发展。到目前为止，已在实践中应用的主旋翼形式有全铰接式、半刚体式、刚体式和无轴承式，也存在这些典型形式的变种和组合形式的主旋翼。

◆ 全铰接旋翼系统　通常全铰接旋翼系统包含三个或者更多个旋翼桨叶。旋翼桨叶可以独立地做挥舞、周期变距、摆振三种运动，如图 1-18 所示。每片旋翼桨叶通过一个水平的挥舞铰连接到桨毂上，顾名思义，挥舞铰允许桨叶上下挥舞。挥舞铰离开桨毂的距离不尽相同，也可以有不止一个挥舞铰，其安装位置由制造者根据稳定性和控制性来决定。每片桨

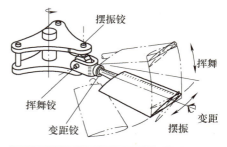

图 1-18　全铰接旋翼系统

叶同样通过一个垂直放置的摆振铰连接到桨毂，摆振铰允许桨叶在桨盘平面内独立地前后运动，即摆振。通常这类旋翼系统的设计中会加入减振器，以防止围绕摆振铰的过度运动。设计摆振铰和减振器的目的在于吸收旋翼桨叶的部分加、减速度。全铰接旋翼系统的桨叶还可以进行变距，即围绕它的转轴旋转。所谓变距就是改变旋翼桨叶的桨距。

典型的铰接式桨毂铰的布置顺序（从里向外）是由挥舞铰、摆振铰到变距铰，如图 1-18 所示。20 世纪 40 年代中期，全铰接旋翼系统得到了广泛应用。

◆ 半刚体旋翼系统 20世纪40年代中期，贝尔公司发展了万向接头式旋翼系统（图1-19a），50年代中期又把万向接头式旋翼系统进一步发展成跷跷板式旋翼系统（图1-19b）。半刚体旋翼系统允许做两种不同的运动，即挥舞和变距。这类系统通常包含两个刚性连接在桨毂上的桨叶。桨毂通过一个万向接头架或者一个跷跷板铰链连接到主轴上，使得桨叶可以上下挥舞。当一片桨叶向下运动时，另一片桨叶向上运动。变距可以通过一个变距铰实现，通过它可以改变桨叶的迎角。

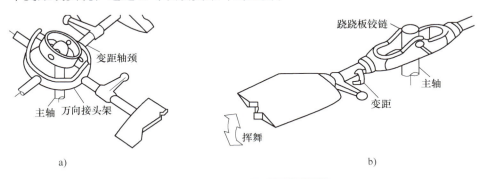

图1-19 半刚体旋翼系统
a) 万向接头式 b) 跷跷板式

这种旋翼形式与全铰接旋翼系统相比，优点是桨毂构造简单，去掉了摆振铰和减摆器，两片桨叶共同的挥舞铰不负担离心力而只传递拉力及旋翼力矩，万向接头架负荷比较小，没有"地面共振"问题。但是这种旋翼操纵功效和角速度阻尼比较小，稳定性较差。

◆ 刚体旋翼系统 经过长期的理论与试验研究，20世纪60年代末、70年代初，刚体（无铰式）旋翼系统进入了实用阶段。这类系统中桨叶不可以做挥舞和摆振动作，但是可以变距。

◆ 无轴承旋翼系统 无轴承旋翼系统就是取消了挥舞铰、摆振铰和变距铰的旋翼系统，桨叶的挥舞、摆振和变距运动都以桨叶根部的柔性元件来完成，如美国RAH-66科曼奇直升机无轴承旋翼系统（图1-20）。

图1-20 美国RAH-66科曼奇直升机无轴承旋翼系统

2．尾桨

大多数单主旋翼直升机需要一个单独的尾桨系统来克服主旋翼旋转时产生的转矩。调整反力矩系统的推力可以在主桨力矩改变时控制方向，或者在悬停时改变机头的朝向。反转矩旋翼产生和主旋翼转矩方向相反的推力，避免直升机以与主旋翼旋转方向相反的方向旋转。

尾桨的结构形式有跷跷板式、万向接头式、铰接式、无轴承式、涵道尾桨式、无尾桨等。前面四种形式在学习主旋翼系统时已经介绍，接下来重点介绍涵道尾桨和无尾桨。

◆ 涵道尾桨 涵道尾桨将尾桨缩小,"隐藏"在尾撑端部的巨大开孔中（图1-21），这相当于给尾桨安上一个罩子，大大改善了安全性，不易打到周围的物体。由于涵道尾桨的周边是遮蔽的，尾桨翼尖附近的气流情况大大简化，翼尖速度较高也不至于增加噪声。罩子的屏蔽也使前后方向上的噪声大大减小。涵道尾桨的缺点是风扇的包围结构带来较大的重量，这个问题随涵道尾桨直径增加而急剧恶化，所以涵道尾桨难以用到大型直升机上。涵

图1-21 涵道尾桨

道尾桨只在法国直升机上采用，美国的RAH-66武装直升机（代号科曼奇）是法国之外少见的采用涵道尾桨的例子。

◆ 无尾桨（NOTAR，NOTAR是No Tail Rotor的简称，意为无尾桨） 无尾桨用喷气引射和主旋翼下洗气流的有利交互作用形成反转矩，如图1-22所示。主旋翼产生的下洗气流从尾撑两侧流经尾撑，发动机产生的压缩空气通过尾撑一侧的向下开槽喷出，促使这一侧的下洗气流向尾撑表面吸附并加速（射流效应或Coanda效应），形成尾撑两侧气流的速度差，产生向一侧的侧推力，实现反转矩。尾撑顶端的直接喷气控制提供更精细的方向控制，但不提供主要的反转矩。无尾桨的噪声比涵道尾桨更低，安全性更好。在使用中，只要主旋翼不打到树枝，直接把尾撑捅到树丛里也照样安全飞行；但无尾桨同样没有用到大型直升机上的例子。在直升机悬停的时候，保持方向控制所必需的转矩，由射流效应提供大约2/3。

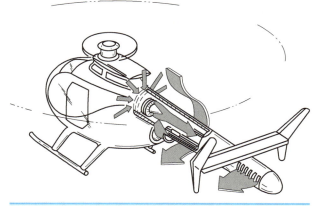

图1-22 无尾桨

3. 起落架

直升机起落架的主要作用是吸收在着陆时由于有垂直速度而带来的能量，减少着陆时撞击引起的过载，以及保证在整个使用过程中不发生地面共振。此外，起落架往往还用来使直升机具有在地面上运动的能力，减少滑行时由于地面不平而产生的撞击与颠簸。

最常见的起落架是滑橇式的，适合在不同类型的表面上起降。一些滑橇式起落架安装

了减振器,以减少着陆时的冲击和振动传递到主旋翼上。起落架也可安装能够更换的滑橇靴,以防止过度磨损。直升机也可以安装浮筒式起落架进行水上作业,或者安装滑雪板式起落架以降落在雪地或者柔软的地面上。

机轮是另外一种形式的起落架,可以是三点式或者是四点式配置。通常为了方便直升机在地面上滑行,机头或者机尾的起落架设计成可以自由旋转的。

4. 动力和传动装置

典型的无人直升机动力装置主要使用安装在机身上的往复式发动机。发动机可以采用垂直安装或者水平安装方式,通过传动装置将动力传递到垂直的主旋翼和尾翼的传动轴上,如图 1-23 所示。典型情况下,发动机通过一个主传动机构和传动带或者一个离心式离合器来驱动主旋翼。无人直升机可以采用的另外一种发动机是无刷电动机。这种动力装置结构简单、维护方便,适用于大多数的小型无人直升机。

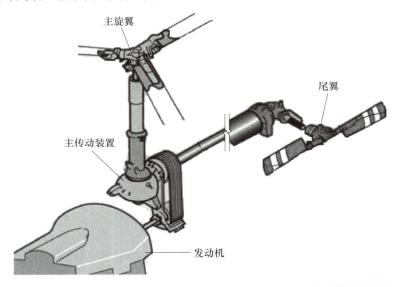

图 1-23 动力和传动装置

5. 飞行控制系统

飞行控制系统主要由陀螺仪(飞行姿态感知)、加速计、磁力计、气压传感器(悬停高度粗略控制)、超声波传感器(低空高度精确控制或避障)、光流传感器(悬停水平位置精确确定)、GPS 模块(水平位置高度粗略定位)以及控制电路组成,主要的功能就是自动保持飞机的正常飞行姿态。

1.3.2 飞行原理

无人直升机是一种旋翼航空器,其飞行所需的升力是靠旋翼旋转产生的,每一片旋翼叶片都产生升力,这些升力的合力就是无人直升机的升力。同时,旋翼又是无人直升机的操纵面,无人直升机通过旋翼拉力的倾斜实现前进、后退和侧飞。通过控制尾桨拉力或推力的大小,可以达到使无人直升机偏转的目的,从而实现无人直升机的转向。

1.3.3 飞行控制方式

旋翼旋转时做圆周运动,由于半径关系,桨叶尖处线速度很大,而靠近桨叶圆心处的根部线速度很小,甚至几乎为零,所以单片桨叶上各处产生的升力并不相同,靠近桨叶尖的地方产生最大的升力,而靠近桨叶根部的地方只产生很小的升力,如图1-24所示。

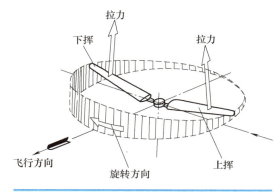

图1-24 主旋翼旋转产生的升力

前面提到通过控制旋翼和尾桨就可以实现使直升机上升、下降、悬停、前飞、侧飞以及转弯等,因此实际上无人直升机的操纵机构主要是针对旋翼和尾桨的。无人直升机的主要操纵机构包括周期变距杆、总距杆、方向杆等,如图1-25所示。周期变距杆通过操纵线与自动倾斜器连接,通过自动倾斜器来实现对旋翼锥体倾斜方向的控制。总距杆通过操纵线系与自动倾斜器连接,通过自动倾斜器来控制所有桨叶的迎角,实现桨叶变距,从而改变旋翼升力的大小。自动倾斜器是实现周期变矩杆和总距杆操纵的重要部件,由两个主要零件组成:一个不旋转环和一个旋转环(图1-17)。不旋转环安装在旋翼轴上,并通过操纵线与周期变距杆和总距杆相连。它能够向任意方向倾斜,也能沿旋翼轴上下垂直移动,但是不能转动。旋转环通过轴承安装在不旋转环上,通过拉杆与变距铰(轴向铰)相连,不但能够与旋翼轴一起旋转,而且能够作为一个单元体随不旋转环同时倾斜和沿旋转轴上下垂直移动。

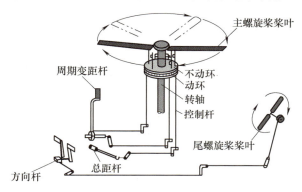

图1-25 无人直升机的操纵机构

1. 操纵总距杆实现无人直升机上下运动

对总距杆上提和下放的操纵通过操纵线使自动倾斜器的旋转环和不旋转环一起沿着旋翼轴向上或向下移动。同样，由于旋转环与桨叶的变距铰之间有固定长度的拉杆相连，所以自动倾斜器的上下移动会导致桨叶的桨距增大或减小，使得旋翼的升力增加或减小。简单来说，上提总距杆，桨叶的桨距和发动机输出功率增加，旋翼升力增加，直升机上升；下放总距杆，桨叶的桨距和发动机输出功率减小，旋翼升力减小，直升机下降。

2. 操纵周期变距杆实现无人直升机前后、左右运动（即俯仰和滚转运动）

对周期变距杆的横向和纵向操纵通过操纵线系或液压助力装置使自动倾斜器的旋转环和不旋转环一起向相应的方向倾斜。由于旋转环与桨叶的变距铰之间有固定长度的拉杆相连，所以自动倾斜器的倾斜会导致桨叶的桨距发生周期性变化，使得旋翼空气动力不对称，旋翼锥体将向相应方向倾斜，旋翼的拉力矢量方向也向相应方向倾斜，这样就能达到操纵无人直升机横向和纵向飞行的目的。如果周期变距杆偏离中立位置向前，旋翼锥体向前倾斜，直升机低头并向前飞行（图1-26a）；当周期变距杆偏离中立位置向后时，旋翼锥体向后倾斜，直升机抬头并向后飞行（图1-26b）；当周期变距杆偏离中立位置向右时，旋翼锥体向右倾斜，直升机向右倾斜并向右飞行（图1-26c）；当周期变距杆偏离中立位置向左时，旋翼锥体向左倾斜，直升机向左倾斜并向左飞行（图1-26d）。

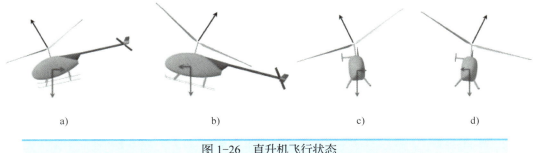

图1-26 直升机飞行状态
a) 向前飞行 b) 向后飞行 c) 向右飞行 d) 向左飞行

3. 操纵方向杆实现直升机偏航运动

对方向杆的操纵通过操纵线与尾桨连接，实现对尾桨的变距，控制尾桨桨叶的桨距，改变尾桨的拉力或推力。尾桨的构造与旋翼相似，不过比旋翼要简单得多，既没有自动倾斜器，也不存在周期变距问题。一般来说，操纵某一侧方向杆，无人直升机机头就会向该侧偏转。

1.4 固定翼无人机的结构及飞行原理

1.4.1 结构组成

尽管固定翼无人机可以设计成用于不同的目的，但大多数固定翼无人机还是有相同的主要结构。它的总体特性大部分由最初的设计目标确定,大部分由机身、机翼、尾翼、起落架和发动机组成,如图 1-27 所示。

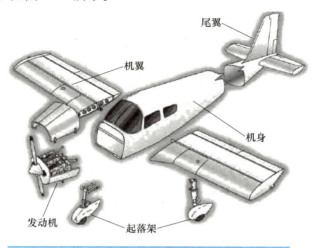

固定翼无人机的
结构组成

图 1-27　固定翼无人机的结构组成

1. 机身

机身是承载任务设备、燃油/电池、通信装置、起落架等装置,以及连接机翼和尾翼的大型部件。机身主要由纵向元件(沿机身纵轴方向)——长桁、桁梁和垂直于机身纵轴的横向元件(隔框)以及蒙皮组合而成,其结构形式有构架式、硬壳式和半硬壳式。

◆ 构架式　在早期,机身的承力构架都做成四缘条的立体构架。为了减小固定翼无人机的阻力,在承力构架外面,固定有整形用的隔框、桁条和蒙皮(图 1-28),这些构件只承受局部空气动力,不参加整个结构的受力。机身的剪力、弯矩和转矩全部由构架承受。这种机身虽然强度和冲击性较好,但刚度不好,特别是抗扭特性较差,且有效容积率较小,因此这种形式的机身应用于早期,很快被新的结构代替。

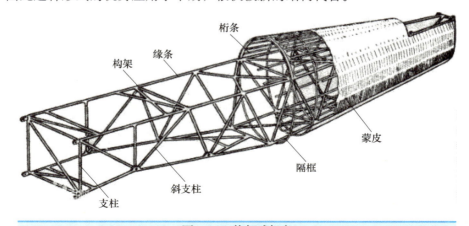

图 1-28　构架式机身

◆ 硬壳式　硬壳式机身结构是由蒙皮与少数隔框组成的,如图 1-29 所示。其特点是没有纵向构件，蒙皮较厚，机身的各种力主要由蒙皮承受。普通框和加强框用于维持机身截面形状，支持蒙皮和承受扩散框平面内的集中力。

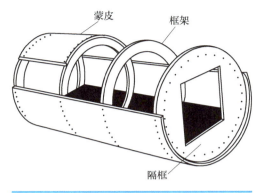

图 1-29　硬壳式机身

这种机身具有结构简单、气动外形光滑及内部空间可全部利用的优点，但因为机身的相对载荷较小，而且机身不可避免要大开口，会使蒙皮材料利用率不高，因开口补强增重较大。所以这种形式的机身实际上用得很少，只在机身结构中某些气动载荷较大、要求蒙皮局部刚度较大的部位，如机身头部、机头罩、尾椎等处有采用。但随着复合材料（碳纤维、玻璃纤维、蜂窝夹层）的发展，这种机身又开始应用广泛。

◆ 半硬壳式　半硬壳式机身是将蒙皮与隔框、大梁、桁条牢固地铆接起来，成为一个受力的整体。半硬壳式机身又分为桁梁式和桁条式。

1）桁梁式机身：主要由大梁、桁条、隔框和蒙皮组成，如图 1-30 所示。几根大梁的截面积很大，桁条的数量较少而且较弱，甚至很长但可以不连续，蒙皮较薄。受力部件主要是大梁和蒙皮，桁条也承受小部分的力。普通隔框的作用是维持机身外形，支持纵向构件；加强隔框除维持外形外，主要承受集中载荷，如机翼、尾翼和机身连接接头等都安排有加强隔框。

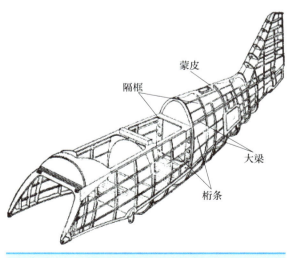

图 1-30　桁梁式机身

从桁梁式机身的受力特点可以看出，在桁梁之间布置大开口不会显著降低机身的抗弯强度和刚度。虽然因大开口会减小结构的抗剪强度和刚度而必须补强,但相对桁条式和硬壳式结构的机身来说,同样的开口,桁梁式机身补强引起的重量增加较少,因此这种形式的机身便于开较大的舱口。

2)桁条式机身:主要由桁条、隔框和蒙皮组成,如图1-31所示。桁条和蒙皮较强,是承受机身力的主要部件。由于蒙皮加厚,改变了机身的空气动力性能,增大了机身结构的抗扭刚度,所以与桁梁式机身相比,它更适用于较高速固定翼无人机。但是,这种机身由于没有强有力的大梁,不宜开大的舱口,如果要开口,必须在开口部位用专门构件加强。桁条式机身各构件受力比较均匀,传递载荷时必须采取分散传递的方法,因而机身各段之间都用很多接头来连接。

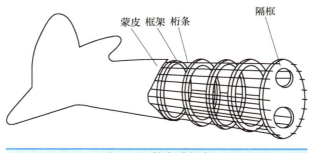

图1-31 桁条式机身

2. 机翼

机翼是飞机的重要部件之一,安装在机身上。其最主要的作用是产生升力,同时也可以在机翼内布置油箱和弹药仓,在飞行中可以收藏起落架。机翼可以安装在机身的上、中或较低部分,分别称为高翼、中翼和低翼设计。机翼的数量也可以不同。有一组机翼的固定翼无人机称为单翼机,有两组机翼的固定翼无人机称为双翼机或复翼机。

许多高翼固定翼无人机有外部支柱,或者机翼支杆,可以通过支杆把飞行和着陆负荷传递到主机身结构上。由于支杆一般安装在机翼突出机身的一半位置上,所以这种类型的机翼结构也叫半悬臂机翼。少数高翼固定翼无人机和多数低翼固定翼无人机用全悬臂机翼,不用外部支杆来承载负荷。机翼的主要结构部件有翼梁、翼肋和桁条,如图1-32所示。

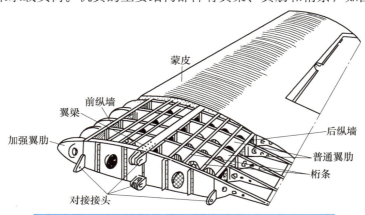

图1-32 机翼的结构组成

◆ 纵向骨架　机翼的纵向骨架由翼梁、纵墙和桁条等组成，它们都是沿翼展方向布置的。

1）翼梁：最主要的纵向构件，是机翼的主要受力部件。翼梁一般由缘条、腹板和支柱组成，如图1-33所示。缘条通常由锻造铝合金或高强度合金钢制成，腹板用硬铝合金板材制成，与上、下缘条用螺钉或铆钉相连接。缘条和腹板组成工字形梁，承受外载荷。

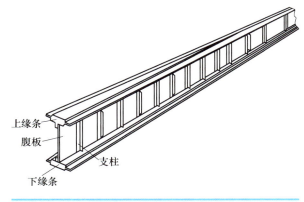

图1-33　翼梁的结构组成

2）纵墙：纵墙与翼梁十分相像，二者的区别在于纵墙的缘条很弱并且不与机身相连，其长度有时仅为翼展的一部分。纵墙通常安装在机翼的前后缘部分，与上下蒙皮相连，形成封闭盒段。后纵墙还可以悬挂襟翼和副翼。

3）桁条：铆接在蒙皮内表面，支持蒙皮以提高其承载能力，并共同将气动力分布载荷传给翼肋。桁条通常用铝合金挤压或板材弯制而成。

◆ 横向骨架　机翼的横向骨架主要是指翼肋（肋拱），而翼肋又分为普通翼肋和加强翼肋，它们的安装方向一般都垂直于机翼前缘。

1）普通翼肋：其作用是将纵向骨架和蒙皮连成一体，把由蒙皮和桁条传来的空气动力载荷传递给翼梁，并保持翼剖面的形状。

2）加强翼肋：除了具有普通翼肋的功能外，还能承受集中载荷，因此其腹板较厚或用支柱加强。

◆ 蒙皮　蒙皮是包围在机翼骨架外的部件，用粘结剂或铆钉固定于骨架上，形成机翼的气动力外形。蒙皮除了形成和维持机翼的气动外形之外，还能够承受局部气动力。早期低速固定翼无人机的蒙皮是布质的，而如今固定翼无人机的蒙皮多为采用硬铝板材制成的金属蒙皮。

安装在机翼后面的或者尾部和边缘的是两种类型的控制面，称为副翼和襟翼。副翼大约从机翼的一半处向外伸出，以利于产生使固定翼无人机侧滚的反方向移动和倾斜的空气动力。襟翼从靠近机翼中点处向外伸出。襟翼在巡航飞行时通常是和机翼表面齐平的。当向外伸出时，襟翼同时向下延伸，以在起飞或者着陆时增加机翼的升力。

3. 尾翼

尾翼是固定翼无人机的重要部件之一。尾翼由垂直尾翼和水平尾翼组成。在垂直尾翼上可活动的表面称为方向舵，在水平尾翼上可活动的表面称为升降舵，如图1-34所示。还有一种尾翼不需要升降舵，在中央的铰链点安装一片水平尾翼，铰链轴是水平的，这种类型的尾翼称为全动式水平尾翼，如图1-35所示。

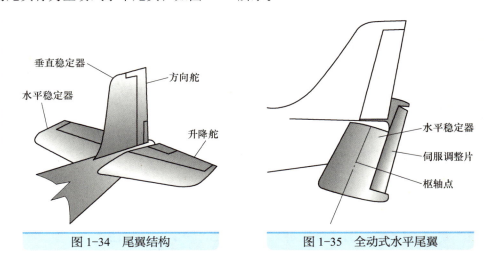

图1-34 尾翼结构　　　　图1-35 全动式水平尾翼

方向舵安装在垂直尾翼的后部，用于控制固定翼无人机的航向运动。在飞行转弯时，方向舵需要和副翼配合使用。升降舵安装在水平尾翼的后面，用于控制在飞行中固定翼无人机的俯仰运动。

4. 起落架

起落架是固定翼无人机停放、滑行、起飞或者着陆时的主要支撑部分。大多数普通类型固定翼无人机使用轮式起落架，也可以安装浮筒式起落架，以便在水上运动，或者安装用于雪上着陆的滑橇式起落架。

最常用的轮式起落架由三个轮子组成，按照轮子分布方式分为前三点式和后三点式两种。前三点式起落架是两个主轮保持一定间距左右对称地安装在固定翼无人机质心稍后处，前轮安装在固定翼无人机头部的下方。后三点式起落架是两个主轮（主起落架）布置在固定翼无人机的质心之前并靠近质心，尾轮（尾支撑）远离质心安装在固定翼无人机的尾部。由于固定翼无人机重量轻，且对起降距离没有严格要求，所以前三点式起落架应用较多。

1.4.2 飞行原理

无人机在飞行时会受到四个基本的作用力：升力（lift）、重力（weight）、推力（thrust）与阻力（drag），如图1-36所示。

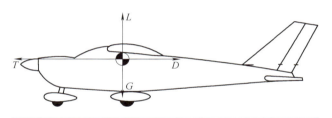

图 1-36　飞机飞行时所承受的四个作用力
L—升力　T—推力/拉力　G—重力　D—阻力

1. 升力

通常，机翼翼型的上表面凸起较多而下表面比较平直，再加上有一定的迎角，因此从前缘到后缘，上翼面的气流流管细。根据连续性原理，上翼面的气流流速就比下翼面的流速快；由伯努利原理可得，上翼面的静压就比下翼面的静压低，上、下翼面间形成压力差，此静压差称为作用在机翼上的空气动力。空气动力是分布力，其合力的作用点叫作压力中心。空气动力合力在垂直于气流速度方向上的分量就是机翼的升力，如图 1-37 所示。

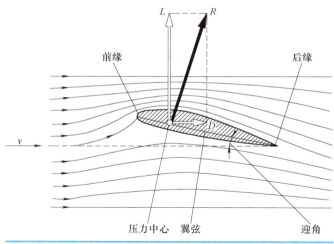

图 1-37　升力的产生原理
L—升力　R—总空气动力　D—阻力　v—气流相对速度

升力的计算公式为

$$L = C_L \left(\frac{1}{2} \rho v^2 \right) S \tag{1-1}$$

式中　ρ——固定翼无人机所在高度处的空气密度（kg/m³）；

　　　v——固定翼无人机的飞行速度（m/s）；

　　　$\left(\frac{1}{2} \rho v^2 \right)$——动压；

　　　S——机翼的面积（m²）；

　　　C_L——升力系数。

由式（1-1）可知，固定翼无人机的升力与升力系数、动压和机翼面积成正比。升力系数综合反映了机翼弯度、迎角等对固定翼无人机升力的影响。可见，固定翼无人机的飞行速度、机翼面积及升力系数越大，则所获得的升力就越大。

对于某一种翼型、某一种机翼剖面形状，通常通过实验来获得升力系数与迎角的关系曲线，即 C_L—α 曲线，如图 1-38 所示。对应于升力系数等于零的迎角称为零升力迎角；对应于最大升力系数 C_{Lmax} 的迎角称为临界迎角或失速迎角。当固定翼无人机的迎角小于临界迎角时，升力系数随着迎角的增大而增大；当迎角超过临界迎角后，迎角增大，升力系数却急剧下降，这种现象称为失速。在这种情况下，固定翼无人机不再飞行，而是坠机。

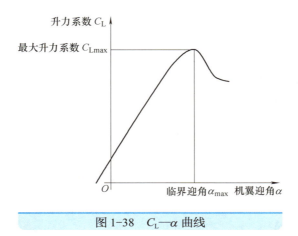

图 1-38　C_L—α 曲线

对高速固定翼无人机来说，如何在起飞和着陆阶段的低速情况下获得足够的升力就成了一大难题。由于迎角与升力成正比，因此增大固定翼无人机的迎角可以使升力增加。然而对某些固定翼无人机而言，即使迎角达到极限，升力仍然不够。如果不采取适当措施，则必须加大起飞和降落时的速度，才能获得足够的升力。这样做的后果是不仅使滑跑距离增长，而且也不安全。为了有效解决这个问题，就要在机翼上安装增升装置。

增升装置用于增大飞机的最大升力系数，从而缩短固定翼无人机在起飞着陆阶段的地面滑跑距离。目前常用的增升装置主要有前缘缝翼、后缘襟翼和前缘襟翼。

◆ 前缘缝翼　安装在基本机翼前缘的一段或者几段狭长小翼，是靠增大翼型弯度和延缓机翼的气流分离现象来提高临界迎角和最大升力系数，从而获得升力增加的一种增升装置，如图 1-39 所示。

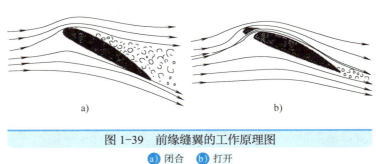

图 1-39　前缘缝翼的工作原理图
ⓐ 闭合　ⓑ 打开

由图 1-39 可知，在前缘缝翼闭合时（即相当于没有安装前缘缝翼），随着迎角的增大，机翼上表面的分离区逐渐向前移。当迎角增大到临界迎角时，机翼的升力系数急剧下降，机翼失速。当前缘缝翼打开时，它与机翼前缘表面形成一道缝隙，下翼面压力较高的气流通过这道缝隙得到加速而流向上翼面，增大了上翼面附面层中气流的速度，降低了压力，消除了这里的分离旋涡，从而延缓了气流分离，避免了大迎角下的失速，使得升力系数提高。

前缘缝翼有固定式和自动式两种，如图 1-40 所示。固定式前缘缝翼直接固定在机翼前缘上，与机翼之间构成一条固定的狭缝，不能随迎角的改变而开闭。它的优点是结构简单，但在飞行速度增加时，所受到的阻力也急剧增大，目前应用不多，只有在早期低速固定翼无人机上使用。自动式前缘缝翼用专门机构与机翼相连，可以根据迎角的变化而自动开闭。在小迎角情况下，空气动力将它压在机翼上，处于闭合状态；当迎角增大到一定程度时，机翼前缘的空气动力变为吸力，将前缘缝翼自动吸开。自动式前缘缝翼的优点是显而易见的，目前应用十分广泛。

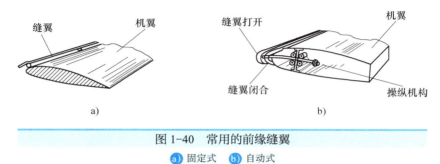

图 1-40 常用的前缘缝翼
a) 固定式 b) 自动式

◆ 后缘襟翼 在机翼上安装后缘襟翼可以增加机翼面积、提高机翼的升力系数。后缘襟翼的种类很多，常用的有简单襟翼、分裂襟翼、开缝襟翼和后退襟翼，如图 1-41 所示。一般的襟翼均位于机翼后缘。当襟翼放下时，机翼面积增大，升力增大，同时阻力也增大，因此一般用于起飞和着陆阶段，以便获得较大的升力，减少起飞和着陆时的滑跑距离。

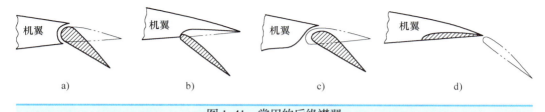

图 1-41 常用的后缘襟翼
a) 简单襟翼 b) 分裂襟翼 c) 开缝襟翼 d) 后退襟翼

1) 简单襟翼（图 1-41a）：简单襟翼的形状与副翼相似，构造简单。简单襟翼在不偏转时形成机翼后缘的一部分，当放下（即向下偏转）时，相当于增大了机翼的弯度，从而使升力增大。它在着陆时偏转 50°～60°，能使升力系数增大 65%～75%。

2) 分裂襟翼（图 1-41b）：也称为开裂襟翼，像一块薄板，紧贴于机翼后缘下表面并形成机翼的一部分。其在使用时放下(即向下旋转),在后缘与机翼之间形成一个低压区,对机翼上表面的气流有吸引作用,使气流流速增大,从而增大机翼上、下表面的压力差,使升力增大。除此之外,这种襟翼放下后,增大了机翼翼型的弯度,同样可提高升力。这种襟翼一般可把机翼的升力系数增大75%~85%。

3) 开缝襟翼(图1-41c):是在简单襟翼的基础上改进而成的,除了起简单襟翼的作用外,还具有类似于前缘缝翼的作用。因为在开缝襟翼与机翼之间有一道缝隙,下面的高压气流通过这道缝隙以高速流向上面,可延缓气流分离,从而达到增加升力的目的。开缝襟翼的增升效果较好,一般可使升力系数增大85%~95%。

4) 后退襟翼(图1-41d):在放下前是机翼后缘的一部分,将其放下时,一边向下偏转一边向后移动,既加大了机翼的弯度,又增大了机翼面积,从而使升力增大。此外,它还有分裂襟翼的作用。这种襟翼的增升效果比前三种都好,一般可使机翼的升力系数增大110%~140%。

◆ 前缘襟翼 前缘襟翼位于机翼前缘,如图1-42所示。前缘襟翼放下后能延缓上表面气流分离,增加翼型弯度,使最大升力系数和临界迎角得到提高,从而增加升力。前缘襟翼广泛应用于高亚音速固定翼无人机和超音速固定翼无人机。

图1-42 前缘襟翼

2. 重力

重力是向下的作用力。除了燃料随着旅程慢慢消耗之外,固定翼无人机的实际重量在航程中不大容易变动。在等速飞行(固定翼无人机的速度与方向保持不变)中,升力与重力维持着某种平衡。

3. 推力和阻力

发动机驱动螺旋桨后,所产生的前进力量就是推力。大多数情况下,发动机功率越大,所产生的推力就越大,固定翼无人机前进的速度也就越快(直到某个极限为止)。任何交通工具在运动中前进,都会遇到一个空气动力学上的阻碍:阻力,也可以简称为"风阻"。推力为固定翼无人机加速,但机身受到的阻力才是决定飞行速度的关键。当飞机的速度增加时,阻力也会增加。固定翼无人机的速度每提高一倍,实际上将会产生四倍的阻力;当向后作用的阻力与发动机产生的推力相等时,固定翼无人机就会保持一定的速度飞行。

阻力是与固定翼无人机运动轨迹平行,与飞行方向相反的力。阻力阻碍无人机的飞行,但没有阻力飞机又无法稳定飞行。按阻力产生的原因,固定翼无人机常遇到的阻力一般可分为摩擦阻力、压差阻力、干扰阻力和诱导阻力。

◆ 摩擦阻力 由于空气具有黏性,会使紧贴固定翼无人机表面的空气受到阻碍作用而流速降低到零,根据作用力与反作用力原理,固定翼无人机必然受到空气的反作用力。

这个反作用力与飞行方向相反,称为摩擦阻力。

摩擦阻力的大小应与空气的黏性、固定翼无人机表面的粗糙程度、固定翼无人机表面与空气的接触面积有关。为了减小摩擦阻力,应尽量减小固定翼无人机的表面积,并把固定翼无人机的表面做得尽量平整光滑。例如,机体表面采用埋头螺钉或整体壁板等。

◆ **压差阻力** 运动着的物体前后由于压力差而形成的阻力叫作压差阻力。气流流过机翼后,在机翼的后缘部分产生附面层分离,形成涡流区,压力降低为 p_2;而在机翼前缘部分,气流受阻,压力增大为 p_1,这样机翼前后缘就产生了压力差(p_1-p_2),从而使机翼产生压差阻力,如图 1-43 所示。

总体来说,压差阻力与迎风面积、机翼形状和迎角有关。迎风面积大,压差阻力大;迎角越大,压差阻力也越大。但压差阻力在无人机总阻力构成中所占的比例较小。

◆ **干扰阻力** 无人机的各个部件,如机翼、机身、尾翼所受的阻力之和小于把它们组合成一个整体所产生的阻力。这种由于各部件气流之间的相互干扰而产生的额外阻力,称为干扰阻力。

为了减小干扰阻力,通常在机身与机翼、尾翼的连接部位安装整流包皮(图 1-44),以避免流管过分扩张而产生气流分离。

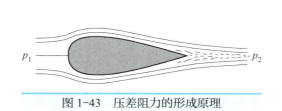

图 1-43 压差阻力的形成原理　　　　图 1-44 减少干扰阻力的措施

◆ **诱导阻力** 诱导阻力是翼面所独有的一种阻力,它是伴随着升力的产生而产生的,因此可以说它是为了产生升力而付出的一种"代价"。

正常飞行时,下翼面的压力比上翼面高,在上、下翼面压力差的作用下,下翼面的气流就会绕过翼尖流向上翼面,使下翼面的流线由机翼的翼根向翼尖倾斜,上翼面反之。由于上、下翼面气流在后缘处具有不同的流向,于是就形成了旋涡,并在翼尖卷成翼尖涡,翼尖涡向后流即形成翼尖涡流,如图 1-45 所示。

经常可以看到,飞行中的固定翼无人机翼尖处拖着两条白雾状的涡流索。这是因为旋转着的翼尖涡流范围内压力很低,如果空气中所含水蒸气因膨胀冷却,就会凝结成水珠,显示出了翼尖涡流的踪迹,如图 1-46 所示。

在日常生活中,也可以观察到翼尖涡流的现象。例如大雁南飞,常排成人字形或斜一字形,小雁又常位于外侧。这是因为这两种队形便于后雁利用前雁翅梢处所产生的翼尖涡流中的上升气流,飞行起来比较省力,可减轻长途飞行的疲劳。

图1-45 翼尖涡流的形成

图1-46 飞机飞行中的翼尖涡流

诱导阻力的大小与机翼的平面形状、展弦比和升力等因素有关。机翼的平面形状不同，诱导阻力也不同。在其他因素相同的条件下，椭圆形机翼的诱导阻力最小，矩形机翼的诱导阻力最大，梯形机翼的诱导阻力介于其中。椭圆形机翼虽然诱导阻力最小，但制造施工复杂，一般多使用梯形机翼。机翼面积相同，而展弦比不同的固定翼无人机在相同升力的情况下，其诱导阻力也不同。展弦比越大，诱导阻力越小。采用翼尖挂副油箱、增加展弦比、机翼装翼梢小翼等措施，可以减小诱导阻力。

在这四种阻力中，除了诱导阻力与升力有关外，其余三种力都与升力大小无关，统称为废阻力。

1.4.3 飞行控制方式

1. 升降运动

起飞时，将遥控器上的油门摇杆推到最大，固定翼无人机加速到足够的速度，以抬高机头进入爬升姿态。此时，固定翼无人机便会往上飞。

在离跑道适当远处减小油门，让固定翼无人机处于较低的速度，适当推低升降舵（机头稍稍向下），此时固定翼无人机高度便会慢慢降低，当降到一个较安全的高度时关上油门，拉升降舵，让机头稍稍往上，此时主翼攻角变大，升力会增加一点，着陆便会比较柔和，特别是前三点式起落架，必须以后轮先着地，前轮再缓缓着地。

2. 滚转运动

飞行中，通过遥控器副翼摇杆操纵副翼，可实现固定翼无人机绕纵轴的运动，即滚转运动。向左压遥控器上摇杆，左副翼向上、右副翼向下，这时左机翼升力减小，右机翼升力增大，固定翼无人机向左倾斜，发生左滚转；向右压遥控器上摇杆，右副翼向上、左副翼向下，这时右机翼升力减小，左机翼升力增大，固定翼无人机向右倾斜，发生右滚转。

总之，副翼使某一侧的机翼所承受的升力提高，同时减少另一侧机翼的升力，两翼升力的差异可以使固定翼无人机发生滚转运动。

3. 偏航运动

飞行中，通过遥控器航向摇杆操纵方向舵，可实现固定翼无人机绕着立轴的运动，即偏航运动。向左压摇杆，方向舵向左偏转，垂直尾翼上的空气动力产生对固定翼无人机立轴的力矩，使机头向左偏转；向右压摇杆，方向舵向右偏转，机头也向右偏转。

4. 俯仰运动

飞行中，通过遥控器俯仰摇杆操纵升降舵，可实现固定翼无人机绕着横轴的运动，即俯仰运动。将遥控器升降舵向前推，升降舵控制面向下移动，如此一来，机尾上方的压力会下降，机尾因此开始上升，机身会沿着横轴向机头方向垂倾，使机头下降；向后拉摇杆，则升降舵向上偏转，使机头上仰。简单地说，要想抬升机头，就将遥控器升降舵向后拉；要想降下机头，就将遥控器升降舵向前推。

思考题

1. 增升装置有哪些？目前最常用是哪种后缘襟翼？
2. 电动机铭牌上 3108 这四个数字是什么意思？
3. 写出图1-47中各数字对应的零件名称及各种无人机的操作过程（起飞降落、前后左右、俯仰、横滚、航向）。

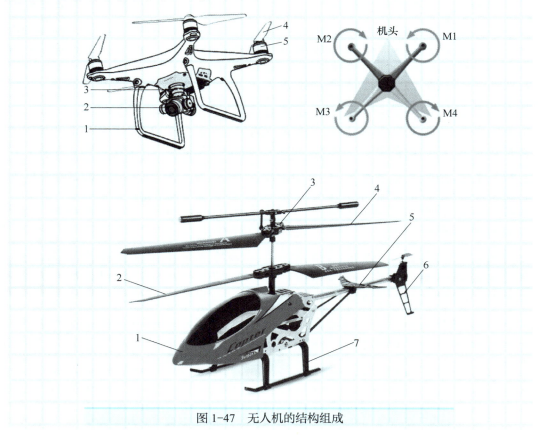

图1-47 无人机的结构组成

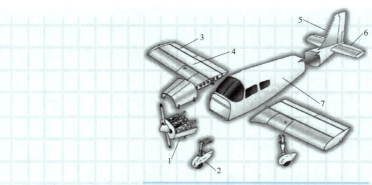

图 1-47　无人机的结构组成（续）

4. 1200 KV 的含义是什么？大桨配哪种 KV 值的电动机比较合适？
5. 电动机中所允许的最大电流与电调所标定的电流是什么关系？
6. 分别解释图 1-48 中电池上的数字 2200、40C、5C、35C 和 3S1P 的含义。

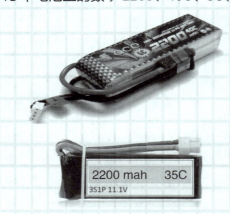

图 1-48　普通锂电池

7. 螺旋桨的参数 8050 指的是什么？
8. 当飞机机翼升力增大时，阻力将怎么变化？
9. 直升机是靠什么来操纵的？
10. 低速飞机上的阻力主要有哪些？其产生原因及减小措施是什么？
11. 无人机常用的电动机是哪种类型？

考证训练

1. 以下（　　）动力电池放电电流最大。
   A. 2A·h 30C   B. 30000mA·h 5C
   C. 20000mA·h 5C   D. 5000mA·h 20C
2. 多旋翼无人机通过（　　）改变控制飞行轨迹。
   A. 总距杆   B. 转速   C. 尾桨   D. 周期变距杆
3. 无人机电调上较细的白、红、黑 3 色排线，也叫杜邦线，用来连接（　　）。
   A. 电动机   B. 遥控接收机   C. 飞控   D. 电源

4. 调速器英文缩写是（　　）。
   A. BEC　　　　B. ESC　　　　C. MCS　　　　D. SEC
5. 有两台输出功率相同的电动机，前者型号为3508，后者型号为2820，以下表述不正确的是（　　）。
   A. 3508 适合带动更大的螺旋桨
   B. 2820 适用于更高的转速
   C. 尺寸上，2820 粗一些，3508 高一些
   D. 3508 的 KV 值小些
6. 无人机螺旋桨长254mm，螺距为114mm，那么它的型号为（　　）。
   A. 2511　　　B. 1045　　　C. 254114　　　D. 2414
7. X 模式 4 轴无人机，左前方的旋翼一般多为（　　）。
   A. 俯视顺时针方向旋转　　　　B. 俯视逆时针方向旋转
   C. 左视逆时针方向旋转　　　　D. 右视顺时针方向旋转
8. 无人直升机的操纵不包括（　　）。
   A. 总距操纵　　B. 周期变距　　C. 副翼操纵　　D. 方向杆操纵
9. 属于增升装置的辅助操纵面的是（　　）。
   A. 扰流板　　　B. 副翼　　　C. 尾翼　　　D. 后缘襟翼
10. 关于多旋翼无人机机桨与电动机匹配描述错误的是（　　）。
    A. 3S 电池下，KV900～1000 的电动机配 1060 或 1047 桨
    B. 3S 电池下，KV1200～1400 配 3in 桨
    C. 2S 电池下，KV1300～1500 用 9050 桨
    D. 3S 电池下，KV800 的电动机配 1147 桨
11. 螺旋桨 1045 CCW，其含义是（　　）。
    A. 桨叶直径10mm，桨叶宽度4.5mm，逆时针方向旋转的螺旋桨
    B. 桨叶直径10in，螺距4.5in，逆时针方向旋转的螺旋桨
    C. 桨叶直径10in，螺距45in，顺时针方向旋转的螺旋桨
    D. 桨叶直径10mm，螺距4.5mm，顺时针方向旋转的螺旋桨
12. 两块 6S、5000mA·h 的电池并联，用 2C 充电，充电的功率是（　　）。
    A. 202W　　　B. 504 W　　　C. 404W　　　D. 222W
13. 6S 22000mA·h 的电池，剩余 20% 电量，用 2C 充电，（　　）可以充满。
    A. 25 min　　　B. 24 min　　　C. 26 min　　　D. 28 min
14. X 模式 4 轴无人机从悬停转换到前进，（　　）需要加速。
    A. 后方两轴　　B. 左侧两轴　　C. 右侧两轴　　D. 前方两轴
15. 舵面遥控状态时，平飞中向右稍压副翼杆量，无人机（　　）。
    A. 右副翼下移，左副翼上移，右翼升力大于左翼升力，发生左滚转
    B. 右副翼下移，左副翼上移，右翼升力小于左翼升力，发生右滚转
    C. 右副翼上移，左副翼下移，右翼升力小于左翼升力，发生右滚转
    D. 右副翼上移，左副翼下移，右翼升力大于左翼升力，发生左滚转

第 2 章 无人机翼型基础知识及其选择

学习导引

无人机的翼型直接影响无人机的飞行原理和飞行性能，因此本章主要介绍无人机翼型的几何参数和主要类型、翼型空气动力特性及其影响因素，并在此基础上选择满足无人机空气动力学要求的翼型。

学习目标

1. 了解翼型的几何参数和主要类型；
2. 掌握 NACA4 位和 NACA5 位数字翼型族的表示方法；
3. 熟悉翼型空气动力特性，包括升力特性、阻力特性、极曲线等；
4. 了解影响翼型空气动力特性的因素，如雷诺数、马赫数、音障等；
5. 掌握翼型的选择方法。

2.1 翼型的几何参数和主要类型

2.1.1 翼型的定义和几何参数

1. 定义

固定翼无人机的机翼或多旋翼无人机的螺旋桨横剖面形状称为翼型。

2. 几何参数

中弧线：到上、下翼面距离相等的曲线，如图 2-1 所示。
前缘点：中弧线与上、下翼面的外形线在前端的交点，如图 2-1 所示。
后缘点：中弧线与上、下翼面的外形线在后端的交点，如图 2-1 所示。
翼弦：前缘点与后缘点之间的连线，如图 2-1 所示。
弦长（b）：前缘点与后缘点之间的距离，如图 2-1 所示。
厚度（c）：上、下翼面在垂直于翼弦方向的距离，如图 2-1 所示，其中最大者为最大厚度 c_{max}。最大厚度与弦长之比，称为相对厚度（$\bar{c}$），其计算式为

$$\bar{c} = \frac{c_{max}}{b} \times 100\% \tag{2-1}$$

最大厚度相对位置（$\bar{X}_c$）：最大厚度 c_{max} 所在位置到前缘的距离称为最大厚度位置 X_c。最大厚度位置 X_c 与弦长的比值称为最大厚度相对位置 $\bar{X}_c$，其计算式为

$$\bar{X}_c = \frac{X_c}{b} \times 100\% \tag{2-2}$$

弯度（f）：中弧线与翼弦之间的垂直距离，如图 2-1 所示，其中最大者为最大弯度 f_{max}。最大弯度与弦长之比，称为相对弯度（$\bar{f}$），其计算式为

$$\bar{f} = \frac{f_{max}}{b} \times 100\% \tag{2-3}$$

最大弯度相对位置（$\bar{X}_f$）：最大弯度 f_{max} 所在位置到前缘的距离称为最大弯度位置 X_f。最大弯度位置 X_f 与弦长的比值称为最大弯度相对位置 $\bar{X}_f$，其计算式为

$$\bar{X}_f = \frac{X_f}{b} \times 100\% \tag{2-4}$$

前缘半径：与前缘点相切的圆的半径，如图 2-1 所示。前缘半径决定了翼型前部形状（尖或钝）。前缘半径小，在大迎角情况下，气流容易分离，使无人机的稳定性变差；前缘半径大，无人机的稳定性好，但阻力增加。

后缘角：上、下翼面在后缘点处切线间的夹角，如图 2-1 所示。

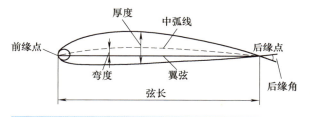

图 2-1 翼型几何参数示意图

2.1.2 翼型的主要类型

翼型是产生升力和阻力的主要部件，是影响无人机的气动性能和飞行品质的关键因素之一。对于不同类型的无人机和不同的飞行速度，所需要的翼型是不同的。一般翼型可分为两类，一类是圆头尖尾型，另一类是尖头尖尾型，绝大多数无人机采用圆头尖尾型。每类翼型又分为对称型和非对称型，如图 2-2 所示。

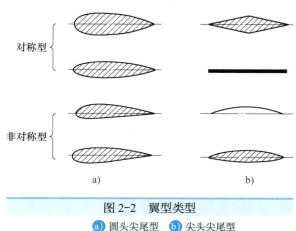

图 2-2 翼型类型
a) 圆头尖尾型 b) 尖头尖尾型

翼型一般都有标准号，是用设计者或者研究机构名字的缩写加数字来表示的。随着航空技术的发展，世界各主要航空发达的国家都设计出了大量高性能的翼型，建立了各种翼型系列，如美国有 NACA 系列、德国有 DVL 系列、英国有 RAE 系列、俄罗斯有 ЦАГИ 系列。

一般，多数无人机属于低速航空器，典型的低速翼型有 NACA4 位数字和 5 位数字。NACA4 位数字翼型用 4 位数字表示翼型的几何参数，其中第 1 个数字表示相对弯度，第 2 个数字表示最大弯度相对位置数值的 1/10，第 3 和第 4 个数字一起表示翼型的相对厚度。以 NACA2415 翼型为例，其含义如图 2-3 所示。

图 2-3　NACA 4 位数字翼型示例

NACA5 位数字翼型的第 1 个数字表示弯度，但不表示具体的几何参数，而是设计升力系数的 20/3 倍；第 2 和第 3 个数字一起为最大弯度相对位置数值的 2 倍；最后两个数字表示相对厚度。以 NACA23012 翼型为例，它的设计升力系数是 $\dfrac{2}{20/3}=0.3$，最大弯度相对位置为 30% ÷ 2 = 15%，相对厚度为 12%，如图 2-4 所示。

图 2-4　NACA 5 位数字翼型示例

2.2　确定翼型

2.2.1　翼型空气动力特性

空气动力学主要研究物体在空气中相对运动情况下的受力特性、气体流动规律以及伴随发生的物理和化学变化。翼型空气动力学特性是无人机飞行中的空气动力学知识（升力的产生、飞行姿态的控制、平衡保持等）的基础。

1. 翼型的升力特性

在翼型平面上，气流相对速度 v 与翼弦之间的夹角为翼型的几何迎角，简称迎角 α。当气流绕过翼型时，在翼型表面上每点都作用有压力 p（垂直于翼面）和摩擦切应力 τ（与翼面相切），它们将产生一个合力 R，合力的作用点称为压力中心，合力在气流方向上的

分量为阻力 D，在垂直于气流方向上的分量为升力 L，如图 2-5 所示。

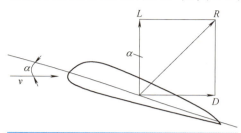

图 2-5　翼型上的空气动力示意图

翼型无量纲升力系数定义式为

$$C_L = \frac{L}{\frac{1}{2}\rho v^2 b} \tag{2-5}$$

式中　C_L——翼型升力系数；

　　　ρ——空气密度（kg/m³）；

　　　v——气流相对速度（m/s）；

　　　b——翼型弦长；

　　　L——翼型升力（N）。

图 2-6 所示为升力系数随迎角的变化曲线。由图可见，在迎角较小时，特性曲线是一条直线，直线的斜率称为升力线斜率。NACA23012 的升力线斜率理论值是 0.106/（°），实验值略小，主要原因在于实际气流是有黏性的。在正迎角时，上、下翼面的边界层位移厚度不一样，其效果等于改变了翼型的中弧线及后缘点位置，从而使有效的迎角变小。

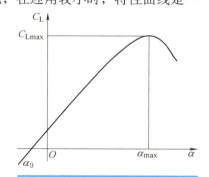

对于有弯度的翼型，升力系数曲线是不通过原点的，通常把升力系数为零的迎角定义为零迎角 α_0，如图 2-6 所示。一般弯度越大，α_0 越大。

图 2-6　翼型升力特性曲线

当迎角大于一定的值后，特性曲线就开始弯曲。迎角再大一些，升力系数就达到了它的最大值，此值记为最大升力系数 C_{Lmax}。它是用增大迎角的办法所能获得的最大升力系数，相对应的迎角称为临界迎角 α_{max}，如图 2-6 所示。再继续增大迎角，升力系数反而开始下降，这一现象称为翼型的失速，所以这个临界迎角也称为失速迎角。

2. 翼型的阻力特性

空气是有黏性的，虽然其黏性很小，但是由于黏性的存在，当空气流过物体时，就会产生阻力。无人机翼型阻力主要是由表面摩擦和流动分离两种情况产生的，包括摩擦阻力和形状阻力（也称黏性压差阻力）两部分。翼型摩擦阻力是空气流经翼型表面时，由于空气黏性的作用而产生的阻力。另外，空气离开翼型表面时因与附近的空气相互牵制，也要产生摩擦阻力。图2-7所示为翼型阻力特性曲线。弧线的形状、翼型厚度和厚度分布对翼型的升力和阻力特性的影响较大，特别是弯度和翼型厚度的影响很大。翼型弯度增加，升力系数增加，翼型厚度减小，最小阻力系数减小。无论摩擦阻力还是压差阻力，都与空气黏性有关。翼型无量纲阻力系数的定义式为

$$C_D = \frac{D}{\frac{1}{2}\rho v^2 b} \tag{2-6}$$

式中　C_D——翼型阻力系数；

　　　D——翼型阻力（N）；

　　　其余参数与式（2-5）相同。

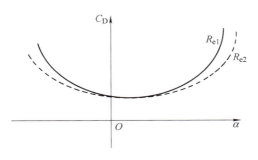

图2-7　翼型阻力特性曲线

1）在任何迎角下，阻力系数都不会等于零，因为空气是黏性的，流过翼型时必然产生阻力。

2）在迎角较小时，随着迎角的增大，阻力系数基本不变；当迎角较大时，阻力系数随着迎角的增大而较快增加，这是由于黏性作用导致边界层分离而引起的。

3）存在一个最小阻力系数。在迎角较小时，翼型的阻力主要是摩擦力，阻力系数随迎角变化不大；在迎角较大时，出现了黏性压差阻力的增量，阻力系数与迎角的二次方成正比；当迎角等于或大于临界迎角后，分离区扩及整个上翼面，阻力系数增大。

3. 翼型的极曲线

通常情况下，把翼型升力特性和阻力特性结合起来，构成表示翼型升力系数和阻力系数的关系曲线，称为极曲线，如图2-8所示。

极曲线上的每一个点代表相应的一个迎角，由原点至该点的连线表示翼型在这一迎角下的气动合力的大小和方向。因此，极曲线其实就是空气动力合力的矢量曲线。从极曲线中可以找出5个特征点：①点为阻力系数最小值C_{Dmin}点，②点为最有利状态点$(C_L/C_D)_{max}$

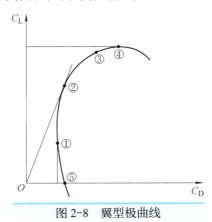

图2-8　翼型极曲线

点，③点为最经济状态点 $(C_{L3/2}/C_D)_{max}$ 点，④点为升力系数最大点 C_{Lmax} 点，⑤点为零升阻力系数点 C_{D0} 点。

"最有利"即升阻比为最大，与航程最远相关；"最经济"则与续航时间最久相关。

4. 翼型的气动中心

翼型绕某一特定点的俯仰力矩不随迎角变化而变化，该点称为气动中心，又称焦点 F，也即气动力增量作用点。注意气动力增量作用点和气动力作用点是不一样的，它是迎角发生变化时，气动力的增加量力矩为零的点，是和飞行器的操纵性与稳定性密切相关的一个重要参数，也是测量俯仰力矩的参考点之一。翼型的俯仰力矩是翼型绕前缘点旋转的作用力矩大小。绕焦点的力矩不随 C_L 而改变，始终等于零升力矩系数。焦点位置是固定的，不因迎角的变化而移动。

5. 翼型的压力中心

翼型压力中心是翼型上、下表面所受的气动分布力合力（按照力的合成的基本原则进行合成）的作用点，所有的分布力相对于这一点的合力矩（假设无人机抬头力矩为正、低头力矩为负）为零。压力中心随着迎角的变化在翼型中弧线上前后移动，翼型的弯度越大，移动的距离越大。压力中心的位置与速度无关。对于对称机翼，即使迎角变化，压力中心在中弧线25%附近不变化，压力中心 P 与焦点 F 重合。而对于非对称翼型来说，两者是不重合的。

2.2.2 影响翼型空气动力的因素

无人机的飞行高度、飞行速度、风速、空气温度和湿度状况、翼型的几何形状、表面粗糙度等参数都影响翼型空气动力，但其中最主要的影响因素有雷诺数、马赫数和失速。

1. 雷诺数 Re

雷诺数（Reynolds Number）是一种可用来表征流体流动情况的无量纲数，以 Re 表示。在流体力学中，雷诺数 Re 是指在给定来流条件下，流体惯性力和黏性力的比值。雷诺数的大小决定了黏性流体的流动特性。雷诺数越小，意味着黏性力影响越显著；雷诺数越大，则惯性力影响越显著。雷诺数很小的流动，其黏性影响遍及全流场；雷诺数很大的流动（如一般飞行器绕流），其黏性影响仅在物面附件的边界层或尾迹中才是重要的。在不同的流动状态下，流体的运动规律、流速的分布等都是不同的，因此雷诺数的大小决定了黏性流体的流动特性。雷诺数的计算公式为

$$Re = \frac{\rho v d}{\eta} \tag{2-7}$$

式中　v——气流的流速（m/s）；

ρ——空气的密度（kg/m³）；

η——气流的黏度（Pa·s）；

d——气流流经物体的距离（m）。

流体的流动状态分为层流、边界和紊流（也称湍流）三种，一般用雷诺数判断流体的流动状态。雷诺数小，流体流动时各质点间的黏性力占主要地位，呈层流流动状态；雷诺数大，惯性力占主要地位，流体呈紊流（也称湍流）流动状态。一般雷诺数 $Re<2300$ 为层流状态，$Re>4000$ 为紊流状态，$Re=2300\sim4000$ 为过渡状态。雷诺数对无人机的阻力特征影响很大。无人机在空气中飞行所遇到的阻力主要为摩擦阻力和压差阻力，空气的黏性与这两种阻力的大小有密切的关系。

雷诺数对常用翼型的升力线斜率影响很小，但对最大升力系数有明显的影响。一般 C_{Lmax} 随 Re 的增大而增大（图 2-9），翼型阻力随雷诺数的增大而减小。因为雷诺数越大，黏性的影响就越小，从而延缓了气流分离的发生。雷诺数及翼型表面的光滑程度决定着翼型表面的附面层状态和转捩点位置，从而影响翼型摩擦阻力。

气动外形优化设计的目的在于实现翼型良好的气动效率，满足无人机的性能需求。续航时间和航程是无人机设计中要考虑的重要问题，也是翼型气动优化的重要目的。传统大雷诺数翼型气动优化的

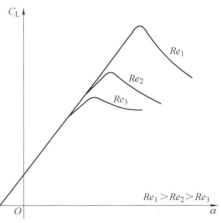

图 2-9 雷诺数对翼型升力特性的影响

目的是获取升阻比最大的翼型。而对于小雷诺数条件内翼型升阻比最大时的功率因子不一定最大，反之也成立。因此，小雷诺数翼型的气动优化从功率因子角度考虑，能获得满足无人机航行时性能要求的优化翼型。

2. 马赫数 Ma

马赫数 Ma（Mach Number）是物体速度与音速的比值，即音速的倍数。因为音速在不同高度、温度等状态下数值不同，所以只有给出高度和大气条件（一般默认为国际标准大气条件），才能计算出马赫数的数值。

由于声音在空气中的传播速度随着条件的不同而不同，因此马赫数也只是一个相对的单位。在低温下声音的传播速度慢些，1 马赫数对应的具体速度也就低些。因此相对来说，在高空比在低空更容易达到较大的马赫数。当马赫数 $Ma<0.3$ 时，流体所受的压力不足以压缩流体，仅会造成流体的流动。在此状况下，流体密度不会随压力而改变，此种流体称为亚音速流体，流场可视为不可压缩流场。一般的水流（湍急的河流）及大气中空气的流动（台风），皆属于不可压缩流场。但流体在高速运动（流速接近于音速或大于音速）时，流体密度会随着压力而改变，此时气体的流场称为可压缩流场。

Ma 是标志空气压缩性影响的一个相似参数。对于多旋翼无人机前飞时的前行桨叶翼剖面，有

$$Ma = \frac{\Omega r + v_0}{a} \qquad (2-8)$$

式中　a——声速（m/s）；

　　　Ω——旋翼旋转速度（m/s）；

　　　r——桨叶半径（m）；

　　　v_0——飞行速度（m/s）。

当 $Ma<0.3$ 时是低速（可以不考虑空气压缩性影响）；当 $0.3<Ma<0.8$ 时为亚音速；当 $0.8<Ma<1.2$ 时为跨音速；当 $1.2<Ma<5$ 时为超音速；当 $Ma>5.0$ 时为高音速。一般民用无人机飞行速度为低音速，民用飞机飞行速度为亚音速或高亚音速，军用战斗机飞行速度为超音速或高音速。美国最新高音速飞机马赫数已达 7.0，航天飞机再入大气层可以达到 25 以上。

3．音障

音障是一种物理现象。当无人机的速度接近音速时，将会逐渐追上自己发出的声波。声波叠合累积的结果，会产生振波，进而对无人机的加速产生障碍，而这种因为音速造成提升速度的障碍称为音障。突破音障进入超音速后，从无人机最前端起会产生一股圆锥形的音锥（图2-10），这股振波如爆炸一般，故称为音爆或声爆。强烈的音爆不仅会对地面建筑物产生损害，对无人机本身伸出冲击面以外的部分也会造成破坏。而音爆不仅仅有声波，还有来自空气的阻力。对于多旋翼无人机而言，当旋翼桨叶桨尖马赫数接近 1 时，桨叶前方急速冲来的空气不能够像平常一样通过旋翼扩散开，于是气体都堆积到了旋翼和机体的周围，产生极大的压力，也会引起一种看不见的空气旋涡，俗称"死亡旋涡"（图2-11），也叫作音障，如果旋翼和机体不做特殊加固处理，那么将会在瞬间被摇成碎片。

多旋翼空气漩涡

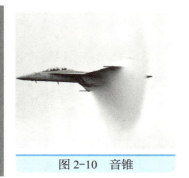

图2-10　音锥

图2-11　死亡旋涡

4．失速

由图2-6可知，当翼型迎角小于临界迎角 α_{max} 时，无人机螺旋桨的升力与迎角成正比，即升力随迎角的增加而增大。但当超过临界迎角之后，流经桨叶上表面的气流会出现严重分离，形成大量涡流，升力开始下降，阻力急剧增加，飞行速度急剧下降，无人机剧烈抖动，随后下坠，造成严重的飞行事故，这种现象称为失速。为了避免产生失速，螺旋桨旋转时的迎角必须小于临界迎角。螺旋桨临界迎角的大小是决定最大升力的关键因素之一。

临界迎角与雷诺数也有关联。雷诺数越大，越不容易失速。因为雷诺数越大，流经螺旋桨上表面的边界层会越早从层流边界层过渡到紊流边界层，而紊流边界层不容易从桨叶表面分离，所以不容易失速。雷诺数小的螺旋桨上表面尚未从层流边界层过渡为紊流边界层时就先分离了，易造成失速。一般翼型数据都会注明该数据是在雷诺数多大时所得，并注明雷诺数为多少时会在几度夹角发生失速。

不同的翼型在失速时的特性并不相同，有的翼型失速后升力很快减小，有的翼型升力减小就缓和得多。依据翼型厚度不同，可以把翼型分为厚型、较薄型和薄型三种类型，如图 2-12 所示。

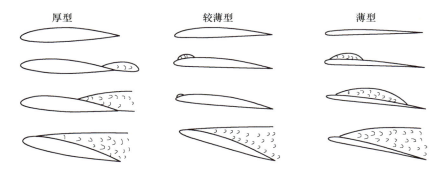

图 2-12　不同厚度翼型的失速特性示意图

◆ 厚型　一般指圆前缘，最大相对厚度大于 14% 的翼型。发生失速时，翼型从后缘开始失速，开始时，湍流边界层随着迎角的增加而增厚，在迎角为 10°左右时，边界层开始从后缘分离。迎角进一步增大，分离点向前移动。此时升力的损失比较缓慢，俯仰力矩的改变也较小。

◆ 较薄型　此翼型从前缘开始失速。中等厚度（相对厚度为 6%～14%）的翼型，在很小的迎角下气流就从前缘分离，但是立即又附着在翼型表面上，因此操作人员几乎无法觉察到失速。在更大的迎角下，边界层不再附着，整个翼型几乎立即失速，从而导致升力和俯仰力矩剧烈变化。

◆ 薄型　发生失速时，在小迎角下从头部分离，而后立即再附着，这些分离气泡随着迎角的增加会向后延伸，当延伸到翼型后缘时，翼型达到最大升力。超过这一迎角后，气流在整个翼型上分离，从而失速，升力下降比较平缓，但是俯仰力矩变化较大。

2.2.3　翼型的选择

对现有各种翼型的几何参数和性能进行对比分析，从中选出能满足无人机空气动力学要求的翼型，此过程为翼型的选择。选择翼型时通常要考虑以下两大因素。

1. 翼型总体外形的考虑

1) 双凸翼型的上弧线和下弧线都向外凸，但上弧线的弯度比下弧线大。这种翼型比对称翼型的升阻比大。

2) 平凸翼型的下弧线是一条直线，这种翼型的最大升阻比要比双凸翼型大。

3) 凹凸翼型的下弧线向内凹入，这种翼型能产生较大的升力，升阻比也比较大。

4) S形翼型的中弧线像横放的S形，这种翼型的力矩特性是稳定的。

2. 翼型几何参数的考虑

◆ 弯度

1) 适当增加翼型弯度是提高翼型最大升力系数的有效手段，一般相对弯度为2%～6%，其中4%比较常见。

2) 适当前移最大弯度位置也可以提高翼型的最大升力系数，失速形式为前缘失速。

3) 最大弯度位置靠后，最大升力系数降低，但是可以取得比较缓和的失速特性。

4) 对低速和亚声速翼型，阻力主要来自摩擦阻力，因此常选择小弯度层流翼型来减小阻力。

◆ 厚度

1) 适当增加翼型的厚度可以提高翼型的升力斜率，使最大升力系数增加。

2) 翼型每减小1%的相对厚度可以增加0.015的临界马赫数。

3) 对常规的NACA翼型，一般在相对厚度为12%～15%时达到最大升力系数。

4) 低速翼型相对厚度可以在12%～18%范围内选择，亚声速翼型相对厚度可以在10%～15%范围内选择，超声速翼型相对厚度只能在4%～8%范围内较薄翼型和较薄前缘半径翼型间选择。

◆ 前缘

1) 翼型头部是确定大迎角下气流分离流动，从而决定最大升力系数及其他重要气动性能的参数。

2) 适当增加翼型的头部半径还可以提高翼型的升力斜率。

3) 翼型前缘半径越小，越易分离，最大升力越小，波阻也越小。

4) 圆前缘翼型失速迎角大，最大升力系数大，超声速波阻大。

5) 亚音速翼型采用圆前缘，超音速翼型采用尖前缘。

◆ 对称翼型

1) 对称翼型的中弧线和翼弦重合，上弧线和下弧线对称。这种翼型阻力系数比较小，但升阻比也比较小。

2) 对称翼型的最大失速特性远不如有弯度的翼型，但是其速度特性比较好。

3) 翼型的零升力矩是由弯度决定的。对称翼型的零升力矩为零，零升力矩太大会增加配平阻力。

思考题

1. 什么是翼型、翼弦、弦长、厚度和弯度？
2. 请解释 NACA2415 和 NACA23012 中各数字的含义。
3. 哪些翼型的几何参数影响升力系数？分别是怎么影响的？
4. 什么是失速、失速迎角、极曲线、马赫数、音障？
5. 选择翼型时通常要考虑哪些因素？

考证训练

1. 多旋翼无人机常用螺旋桨的剖面形状是（　　）。
   A. 对称型　　　　B. 凹凸型　　　　C. S 型　　　　D. 凸型
2. 关于桨叶的剖面形状，说法错误的是（　　）。
   A. 桨叶的剖面形状称为桨叶翼型
   B. 桨叶翼型常为对称型
   C. 常见的桨叶翼型有平凸型、双凸型和非对称型
   D. 一般用相对厚度、最大厚度位置、相对弯度、最大弯度位置等参数来说明桨叶翼型
3. 关于平凸翼型的剖面形状，下面说法正确的是（　　）。
   A. 上、下翼面的弯度相同
   B. 机翼上表面的弯度小于下表面的弯度
   C. 机翼上表面的弯度大于下表面的弯度
   D. 上、下翼面的厚度相同
4. 机翼的安装角是（　　）。
   A. 翼弦与相对气流速度的夹角　　　B. 翼弦与机身纵轴之间所夹锐角
   C. 翼弦与水平面之间所夹的锐角　　D. 翼弦与机身横轴之间所夹的锐角
5. 展弦比是指（　　）。
   A. 展长与机翼最大厚度之比　　　　B. 展长与翼尖弦长之比
   C. 展长与平均几何弦长之比　　　　D. 展长与机翼厚度之比
6. 机翼 1/4 弦线与垂直机身中心线的直线之间的夹角称为机翼的（　　）。
   A. 安装角　　　　B. 上反角　　　　C. 后掠角　　　　D. 迎角
7. 翼型的最大厚度与弦长的比值称为（　　）。
   A. 相对弯度　　　B. 相对厚度　　　C. 最大弯度　　　D. 最大厚度
8. 影响翼型性能的最主要的参数是（　　）。
   A. 前缘和后缘　　　　　　　　　　B. 翼型的厚度和弯度
   C. 弯度和前缘　　　　　　　　　　D. 厚度和后缘

第 3 章

无人机动力系统

无人机结构与系统

学习导引

无人机比空气重,所以无人机飞行升空的必要条件是应有动力源。在动力的作用下驱动旋翼旋转,产生克服其自身重力的升力,实现空中飞行。无人机发动机以及为了保证发动机正常工作所需要的附属系统和附件统称为无人机动力系统,其核心设备是发动机。无人机常用的发动机主要有电动机和燃油发动机两类,电动机中主要使用无刷直流电动机和空心杯电动机,而燃油发动机中活塞发动机和涡轮发动机在无人机中被广泛采用,因此本章主要介绍这些发动机的类型、结构组成及工作原理等,为日后的深入学习奠定基础。

学习目标

1. 了解无人机动力系统的种类和组成;
2. 了解有关无人机发动机的分类、功用、发展等方面的知识;
3. 了解直流电动机的定义和类型;
4. 掌握无刷直流电动机、有刷直流电动机和空心杯电动机的基本结构、工作原理以及优缺点;
5. 掌握航空活塞式发动机的分类、基本结构、工作原理和特性;
6. 掌握涡轮喷气发动机的分类、结构、工作原理和工作特性;
7. 掌握涡轮螺旋桨、涡轮风扇和涡轮轴发动机的结构组成和工作原理。

3.1 动力系统概述

因为无人机所用的发动机不同,所以组成无人机动力系统的主要部件也是不一样的,所以下面根据电池类发动机和燃油类发动机,分别阐述无人机动力系统的主要部件。

3.1.1 电池类发动机动力系统的组成

为无人机提供动力的电动机主要有无刷电动机和空心杯有刷电动机。

1. 无刷电动机动力系统

无刷电动机动力系统主要由电池、无刷电动机、电调、平衡充电器和传动系统组成。

- ◆ 电池 能量装置,为无人机提供电能,常用类型是锂聚合物电池。
- ◆ 无刷电动机 能量转换装置,将电能转化为机械能,属于外转子电动机,无电刷。
- ◆ 电调 主要作用是控制电动机的转速。
- ◆ 平衡充电器 专用电池必须采用平衡充电器进行充电。

◆ 传动系统　微型机因载重小，旋翼叶片直接安装在电动机的转轴上，不另外加装传动齿轮。但载重大的无人机，旋翼轴与电动机轴中间需要安装齿轮传动系统。

2．空心杯有刷电动机动力系统

无人机采用空心杯有刷电动机，彻底消除了由于铁心形成涡流而造成的电能损耗，使电动机的运转特性得到了改善。其动力装置由空心杯有刷电动机、MOS 管、电池和平衡充电器组成。

◆ 空心杯有刷电动机　空心杯有刷直流电动机转子，无铁心。
◆ MOS 管　用作驱动电路。
◆ 电池　锂电池用来给电动机供电。
◆ 平衡充电器　专用电池必须要用平衡充电器充电。

3.1.2　燃油类发动机动力系统的组成

燃油类发动机动力系统复杂，完成一次完整的能量输入输出任务，需要很多子系统共同协作。子系统主要包括燃油发动机系统、燃油系统、滑油系统、传动系统等。

1．燃油发动机系统

燃油发动机系统的主要装置是将燃料的化学能转化为机械能的发动机，主要有航空活塞发动机和涡轮发动机两大类。

2．燃油系统

◆ 燃油系统的作用　燃油是无人机能源的一种，燃油系统为燃油发动机的顺利工作提供了可靠的保障。其主要作用是储存、供油、调整和冷却。

1）储存。根据无人机的用途和续航里程等选择足够容量的燃油箱，储存燃油。
2）供油。将燃油箱的燃油通过燃油泵、输油管路安全可靠地定时定量地供给发动机。
3）调整。调整无人机整体机身重心位置，保证无人机平衡和机体结构受力均衡。
4）冷却。为发动机滑油、液压油提供冷却装置。

◆ 燃油系统的组成　为确保可靠有效地完成燃油系统的各项任务，燃油系统主要由燃油箱、输油管路、燃油增压泵、防火开关、放油开关和燃油控制系统组成，如图 3-1 所示。

1）燃油箱。燃油箱分为软油箱、硬油箱、整体油箱。燃油箱要有足够的容量，保证发动机正常工作时的油耗。为提高燃油清洁性，可加装燃油滤清器，过滤燃油中的杂质。

2）输油管路。输油管路分为串联和并联管路。输油管路连接在燃油箱与发动机之间、燃油箱与燃油箱之间，确保供油通畅。

3）燃油增压泵。为了保持燃油箱内的燃油压力大于燃油的饱和蒸气压，确保燃油顺利地进入发动机内部，通过燃油增压泵完成能量转化任务。

4）防火开关。防火开关设置在燃油泵之前，当发动机发生故障着火时，通过电气控制自动关闭开关，停止供油，防止火势蔓延。

5）放油开关。在更换燃油箱或燃油泵时，通过放油开关放尽燃油泵中残余的燃油。

6）燃油控制系统。燃油控制系统包含计算系统和计量系统，用于根据不同的飞行参数准确控制供油量。

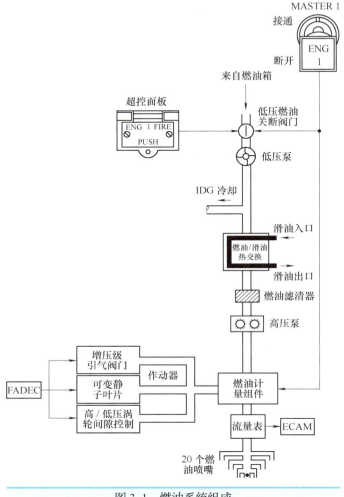

图 3-1　燃油系统组成

3．滑油系统

◆　滑油系统的作用　发动机内部各活动部件高速运转，相对运动产生摩擦阻力，这样不仅增加了燃油的消耗，而且缩短了各零件的使用寿命。为了减少摩擦，需要提供一定压力、一定温度且清洁的润滑油。滑油系统的主要作用是润滑、冷却、清洁和防腐。

1）润滑。通过在各活动部件金属表面形成一层薄薄的油膜，实现减小摩擦的目的。

2）冷却。滑油流过各个部件，带走各部件摩擦产生的一定热量，实现冷却部件的功能。

3）清洁。滑油流过各活动部件，带走磨损产生的金属微粒，通过滑油滤将固液分开，实现清洁的效果。

4）防腐。油膜将各活动部件与空气隔开，从而防止金属表面氧化和腐蚀。

◆ 滑油系统的组成　滑油系统主要由滑油箱、滑油泵、滑油滤、磁屑探测器、滑油散热器、油气分离器等组成，如图 3-2 所示。

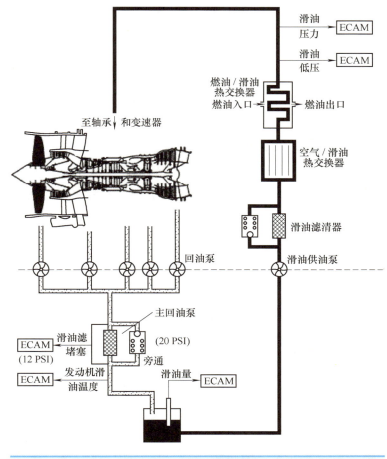

图 3-2　滑油系统的组成

1）滑油箱。储存滑油，其大小需要考虑滑油量、滑油膨胀及混合空气总体积。
2）滑油泵。分为供油泵和回油泵，目的是使滑油能够在油路及各部件中循环流动。
3）滑油滤。清洁滑油，过滤滑油中的金属屑及杂质。
4）磁屑探测器。安装在回油路中，用来集中滑油中带有磁性的杂质。
5）滑油散热器。冷却滑油，确保滑油在合适的温度下工作。
6）油气分离器。分离滑油和空气，提高滑油利用率。

4. 传动系统

◆ 传动系统的作用　将发动机的动力按一定的功率和转速传递到旋翼，驱动旋翼正常旋转。

◆ 传动系统的组成　传动系统基本装置包括主减速器、中间减速器、传动轴、联轴器、离合器和旋翼制动等。

1）主减速器。主减速器是由多个齿轮组合构成的轮系，可实现多级减速增矩，将发动机输出的高转速降低到旋翼所需的低转速。

2）中间减速器。中间减速器采用锥齿轮改变速度和功率的输出方向。

3）传动轴与联轴器。传动轴只用来传递转矩，联轴器实现补偿水平位移、垂直位移和角度位移。

4）离合器。离合器用来接通或切断发动机的动力输出。

5）旋翼制动。旋翼制动在发动机停机后，可以使旋翼较快地停止转动，避免出现安全事故。

发动机是一种将其他形式的能转化为机械能的装置，为无人机提供拉力或推力，被视为无人机的"心脏"。发动机特性的优劣对无人机的飞行速度、高度、续航里程等有很大的影响。在设计无人机的过程中，首先要解决的问题就是选择合适的发动机，以满足其技术要求。

3.1.3 发动机的种类

1. 按能量来源分类

发动机工作过程是完成其他能量向机械能转化的过程，按照能量来源的不同，发动机可分为热力发动机、水力发动机、风力发动机、电力发动机。在无人机系统中，常用的是热力发动机和电力发动机，如图 3-3 所示。热力发动机是将燃料燃烧产生的热能转化为机械能的动力装置，即燃油发动机；电力发动机是将电能转换成机械能的动力装置，即电动机。

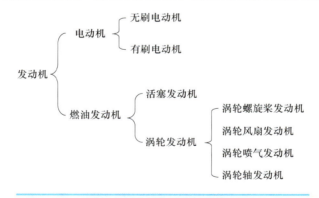

图 3-3 无人机发动机的类型

2. 按推进动力的产生原理分类

按产生推进动力的原理不同，燃料发动机又可分为直接反作用力发动机和间接反作用力发动机两类。

1）直接反作用力发动机是利用向后喷射高速气流而产生向前的反作用力来推进无人机的。直接反作用力发动机又叫喷气式发动机，这类发动机包括涡轮喷气发动机。

2）间接反作用力发动机由发动机带动飞机的螺旋桨旋转对空气做功，使空气加速向后（向下）流动时，空气对螺旋桨产生反作用力来推进无人机。这类发动机有活塞发动机、涡轮螺旋桨发动机、涡轮轴发动机和涡轮螺旋桨风扇发动机等。而涡轮风扇发动机（图3-4）既有直接反作用力，也有间接反作用力，但常将其划归为直接反作用力发动机一类，所以也称其为涡轮风扇喷气发动机。

图3-4 涡轮风扇发动机

3.1.4 发动机的功能和要求

发动机的基本功用是为无人机提供动力，以确保无人机能够稳定、可控、可持续地在空中飞行。评定发动机品质的主要指标有性能参数、可靠性、耐久性等。其基本要求归结如下：

1. 功率重量比大

功率重量比是指发动机所发出的功率与其重量之比。在设计无人机的任何部件时，一般都要在满足使用要求的前提下，尽量减轻其重量。对发动机来说，就是要保证功率足够大而自身重量又很轻，即功率重量比大。

2. 耗电（油）率小

耗电（油）率是指以单位功率（即1N）工作1h所消耗电能或燃料的重量，是评价发动机经济性的重要指标。耗电（油）率越小，说明发动机越省电（油）。

3. 体积小

发动机应在保证功率不减小的前提下，力求体积小，以减小空气阻力。

4. 工作安全可靠、使用寿命长

要使无人机在空中安全飞行，无人机各组成部分必须可靠工作，发动机更要始终处于可靠工作状态。发动机是无人机的心脏，其使用寿命直接决定无人机的使用寿命。发动机的使用寿命长，可降低使用成本，节约原材料。

5. 维修方便

这是保证发动机可靠性的重要方面。维修质量的好坏，影响发动机的使用寿命。维修分为日常维护和修理。日常维护主要对关键部件进行检测、清洗、更换滑油等，并及时发现故障，排除故障，所以应根据发动机工作时间的长短，定期进行日常维护。修理则是在零部件出现故障情况下进行的。由于维修工作量很大，且占无人机使用成本的比例也很大，所以在设计时，要考虑拆装、检查和维修的方便性，以减少维修工作量，降低维修成本。

3.1.5 发动机的发展

1. 燃料发动机

早期无人机的动力装置几乎全部采用活塞发动机。以色列"侦察兵"无人机装一台16.4kW 的双缸二冲程活塞发动机，最大平飞速度为 176km/h，最大航程速度为 102km/h，最大使用高度为 4575m，最大续航时间为 7h。美国"捕食者"A 无人机的动力装置采用的是奥地利生产的四冲程活塞发动机 ROTAX914，功率为 78.3kW。"捕食者"A 无人机的升限是 7626m，飞行速度是 204km/h，最大续航时间为 40h，任务载荷为 204kg。以色列生产的"苍鹭"无人机的动力装置采用一台四冲程活塞发动机，功率为 74.6kW。"苍鹭"无人机的升限是 10668m，最大飞行速度是 231km/h，最大续航时间为 50h，任务载荷为 250kg。

20 世纪 90 年代，随着无人机用途扩大、重量增加、升限提高、速度增大及续航时间的增长，无人机发动机开始采用涡轮喷气、涡轮螺旋桨、涡轮轴和涡轮风扇发动机。美国 BQM-34 "火蜂"无人机装有一台 J-69-41A 涡轮喷气发动机。中国"长空一号"无人机安装一台 WP-6 涡轮喷气发动机，最大推力为 24.5kN。美国"捕食者"B 无人机采用加雷特公司的 TPE331-14 蜗轮螺旋桨发动机，该发动机的功率为 550kW。"全球鹰"无人侦察机的动力装置为一台 4200daN 推力的 AE3007H 型涡轮风扇发动机，其巡航速度为 635km/h，升限为 20km，最大续航时间大于 36h。

进入 21 世纪，世界无人机技术的快速发展将为军、民用航空领域带来新的巨大改变，高空长航时无人机技术的发展成熟也将成为人类航空史上的一个重要里程碑。国外正在研究的高空长航时无人机发动机主要包括带涡轮增压的涡轮 - 活塞组合发动机、燃料电池发动机、太阳能动力发动机等。以涡轮 - 活塞组合发动机为动力的美国"柏修斯"B、以太阳能（美国"太阳神"、中国彩虹）和燃料电池（美国"全球观察者"）为动力的高空长航时无人机也已经进行了飞行试验阶段。

2. 电动机

1957 年，"Radio Queen"无人机使用银 - 锌蓄电池和永磁电动机完成了首次飞行。在此之后，随着电动机技术和蓄电池技术的不断发展，电动飞机便进入了持续快速发展阶段。该类无人机的主要代表机型有美国的"指针"和"龙眼"及中国大疆的精灵等机型，电动机为无刷电动机。在民用和科学研究方面，小型电动无人机多采用无刷电动机和空心杯电动机。

3.2 电动机

无人机使用最多、应用最广的动力装置是电动机。电动机的优点是结构简单、飞行平稳、操作容易、维护便利、无污染等，受到各无人机设计制造者的青睐。直流电动机按换向方式可分为有刷电动机和无刷电动机。有刷电动机采用机械换向，存在机械摩擦、换向火花、维修困难等缺点；无刷电动机采用电子换向，弥补了直流有刷电动机的缺点，广泛地应用于无人机领域。

3.2.1 有刷电动机

1. 结构组成

有刷电动机主要由定子和转子两部分构成，如图 3-5 所示。

◆ 定子　定子的主要作用是产生磁场和机械支撑，由主磁极、换向磁极、机座、电刷装置等构成。

1）主磁极。主磁极由主磁极铁心和励磁绕组组成，如图 3-6 所示。主磁极由薄钢板冲压而成，励磁绕组是用电磁线多层绕制并经绝缘处理后制成的，套在主磁极铁心上。给励磁绕组通入直流电，在各主磁极上都会产生一定的磁性。

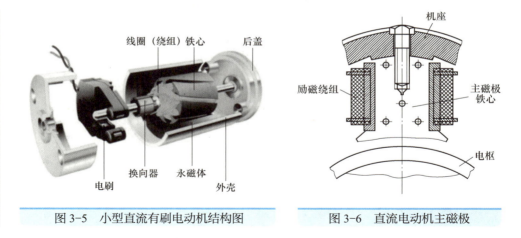

图 3-5　小型直流有刷电动机结构图　　图 3-6　直流电动机主磁极

2）换向磁极。换向磁极安装在两主磁极间的中心线上，固定在机座上，由换向铁心和换向绕组组成，其作用是产生换向磁场，改善电动机的换向性能，防止产生电弧火花。

3）电刷装置。电刷装置安装在电动机的前端盖上，是将电源引入直流电动机的装置，由电刷、刷握、刷杆、弹簧等组成，如图 3-7 所示。电刷放在刷握内，用弹簧压住，以保证电刷与换向片接触良好。其作用是接通外电路与电枢绕组，与换向器配合完成直流与交流的互换。

◆ 转子（电枢）　转子的主要作用是产生电磁转矩和感应电动势，它是能量转换的关键，由电枢铁心、电枢绕组、换向器和转轴等组成。

1）电枢铁心。由 0.35～0.5mm 厚的硅钢片叠压而成，片间绝缘。其主要作用是导磁和嵌放电枢绕组。

2）电枢绕组。用导线在模具上绕成绕组后嵌放在铁心表面槽中，每个绕组的两端分别和两个换向片连接。其主要作用是产生感应电动势，通过电流产生电磁转矩，传送电磁功率，实现电能和机械能之间的转换。

3）换向器。由绝缘材料相隔的铜片做成，并固定在轴上。其主要作用是将外部的直流电转换成绕组内的交流电。

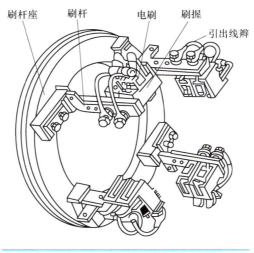

图 3-7　电刷装置

定子与转子之间的间隙称为气隙。气隙的大小决定了磁通量的大小。若气隙较大，漏磁较多，电动机的效率则降低；若气隙较小，易扫定子膛。所以，气隙要控制在合理的范围内，电动机工作才能达到最佳效果。小容量的电动机，气隙一般为 0.5～3mm；大容量的电动机，气隙一般为 10～12mm。

2. 工作原理

图 3-8 所示为直流有刷电动机模型，将电刷 A、B 接到直流电源上，电刷 A 接正极，电刷 B 接负极，此时电枢绕组中将有电流通过。在磁场的作用下，根据左手定则，导体 ab 的受力方向从右向左，导体 cd 的受力方向从左向右，这样就形成了逆时针方向的电磁转矩。当电磁转矩大于阻转矩时，电动机转子就逆时针方向旋转。

当电枢旋转到如图 3-9 所示位置时，导体 ab 受力方向从左向右，导体 cd 受力方向从右向左，该电磁力形成的电磁转矩依然是逆时针方向，线圈在该电磁转矩的作用下继续逆时针方向旋转。

通过电刷将直流电加到电动机换向器上，换向器与电枢绕组相连，电枢中有电流流过，电枢受磁场作用力而转动。由于电刷与换向器的作用，每一极性下的导体中的电流方向始终不变，产生单方向的电磁转矩，使电枢向一个方向旋转，这就是直流有刷电动机的基本工作原理。

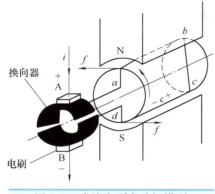
图3-8 直流有刷电动机模型

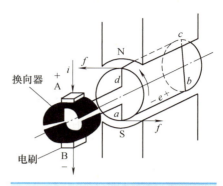
图3-9 直流有刷电动机的工作原理

3. 调速方式

直流有刷电动机的调速方法是变压调速,具体是调整电动机供电电源电压的高低,调整后的电压通过换向器和电刷的转换,改变电极产生的磁场的强弱,达到改变转速的目的。

4. 指标参数

每台直流电动机的机座外表面上都有一块铭牌,上面标注着一些叫作额定值的铭牌数据,它是正确选择和合理使用电动机的依据,例如额定功率、额定电压、额定电流、额定转速、励磁方式、额定励磁电流。有些物理量虽然不标注在铭牌上,但它们也是额定值,例如在额定运行状态下的转矩、效率分别称为额定转矩、额定效率等。

5. 型号

直流有刷电动机型号一般包含四个部分:产品代号、规格代号、特殊环境代号、补充代号。

◆ 产品代号 如Z3,Z代表直流电动机,3代表设计序号,即第三次设计序列。

◆ 规格代号 主要用中心高、机座长度、铁心长度、极数来表示。

1)中心高指电动机轴中心到机座底脚面的高度,单位为mm。

2)机座长度用国际通用字母表示,S为短机座、M为中机座、L为长机座。

3)铁心长度用阿拉伯数字1、2、3、4⋯由短至长分别表示。

4)极数分为2极、4极、6极、8极等。

◆ 特殊环境代号 一般用汉语拼音的首字母表示,例如高原(G)、户外(W)等。

◆ 补充代号 仅适用于有补充要求的电动机。

例如,Z4-200-2是指第四次设计的直流有刷电动机,其电动机中心高是200mm,电枢铁心长度代号是2。

6．优缺点

◆ **优点** 制造简单，成本低廉，并具有起动快、制动及时、可在大范围内平滑地调速、控制电路相对简单等优点。

◆ **缺点**

1）磨损大，维护难。有刷直流电动机的电刷磨损大，容易损坏。使用一段时间以后，需要打开电动机来清理电刷，维修维护费时费力。

2）发热大，寿命短。由于有刷电动机的结构原因，电刷和换向器的接触电阻很大，造成电动机整体电阻较大，容易发热，而永磁体是热敏元件，温度太高会导致磁钢退磁，使电动机性能下降，寿命缩短。

3）效率低，输出功率小。有刷电动机发热问题突出，使相当一部分电能白白转化为热能，所以有刷电动机的输出功率不大，效率也低。

4）噪声大，干扰大。有刷直流电动机电刷摩擦所发出的噪声远高于无刷电动机，而且随着电刷逐步磨损，噪声会越来越大，且有刷电动机运转时电刷产生的电火花，会对无线电设备造成很大的干扰。

3.2.2 无刷电动机

直流无刷电动机是一种不使用机械结构换向电刷而直接用电子换向器的新型电动机。它是随着半导体电子技术发展而出现的新型机电一体化电动机，广泛应用于机器人、航空航天技术、医疗化工等高新技术领域。

1．结构组成

直流无刷电动机属于三相永磁同步电动机的范畴，其磁场来自电动机转子上的永磁铁。其主要结构是电子开关线路、永磁同步电动机主体和位置检测装置三部分。在结构上，其与直流有刷电动机的区别见表3-1。

表3-1 直流有刷电动机与直流无刷电动机的结构区别

名 称	定 子	转 子	换 向 电 刷
直流有刷电动机	永磁磁钢	绕组	有
直流无刷电动机	绕组	永磁磁钢	无

◆ **电子开关线路** 电子开关线路根据位置检测装置反馈的信号触发开关线路中的功率开关器件使之导通或截止，从而控制电动机的转动。

◆ **永磁同步电动机主体**

1）转子。转子的类型有凸极式和内嵌式两种，均由三部分组成：永磁体、导磁体和支承零部件。永磁体和导磁体是产生磁场的核心，由永磁材料和导磁材料组成。常用的永磁材料有铁氧体、铝镍钴、钕铁硼和高磁能积的稀土永磁材料等。支承零部件主要是指转轴、压圈和轴套等。

2）定子。定子主要由电枢绕组和定子铁心组成。定子绕组是电动机本体的重要组成部分。当电动机通电后，电枢绕组因通入电流产生磁动势，与转子永磁体产生的磁动势相互作用进而产生转矩。绕组一般分为集中绕组和分布绕组，集中绕组制造简单，相对于分布绕组来说集中绕组空间利用率差，发热集中，对散热不利。定子铁心通常由硅钢片叠压而成，其优点是可减少定子的铁损。

◆ 位置检测装置　该装置安装在转子轴上，用来检测转子磁场相对于定子绕组的位置关系。常用的位置检测装置分为直接检测式和间接检测式。直接检测式位置检测装置按原理不同可分为磁敏式、光电式和电磁感应式。现在应用比较广泛的是基于霍尔效应原理的磁敏式元件，其次是基于光电效应的发光二极管和光敏晶体管的光电转换器件。电磁感应式位置检测装置早期应用广泛，现已很少用。

间接检测式位置检测装置是指无位置传感器控制技术，主要通过电动机内容易获取的电压或者电流信号，经过一定的算法处理得到转子的位置信号。其常用的检测方法有反电动势法、三次谐波检测法、磁链法、电感检测法等。目前较成熟的检测方法是反电动势法。

2. 分类

◆ 根据换向方式分类

1）有感无刷电动机。有感指利用霍尔效应来测量转子位置的方法。霍尔效应是指置于磁场中的载流导体，当电流方向垂直于磁场方向时，则在垂直于电流和磁场的方向上产生一个附加电场，从而在载流导体两端产生电势差。霍尔效应定义了磁场与感应电压之间的关系，通过感应电压的变化，就可以确定转子在不同位置下磁场的分布情况，从而确定转子的位置。

2）无感无刷电动机。无感是指间接位置检测，指不需要专门的传感器检测转子的位置，而通过电子电路的计算完成该项任务。此类电动机接线简单、可靠性高、体积小，所以多旋翼无人机多采用无感无刷直流电动机。

◆ 根据永磁体的安装位置分类

1）凸极式无刷电动机。其瓦片形永磁体粘贴在转子铁心外表面，如图3-10a所示。

2）内嵌式无刷电动机。其永磁体插入转子铁心的沟槽中，又称隐极式无刷电动机，如图3-10b所示。

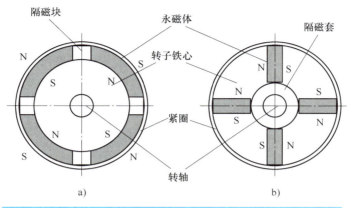

图 3-10 直流无刷电动机
a) 凸极式 b) 内嵌式

3. 工作原理

与普通结构的永磁直流电动机不同,在直流无刷电动机中,电枢绕组放置在定子上,永磁体则放置在转子上。定子各相电枢绕组相对于转子永磁体的位置,由转子位置传感器通过电子方式或电磁方式感知,并利用其输出信号,通过电子开关线路,按照一定的逻辑程序去驱动与电枢绕组相连接的电力电子开关器件,把电流导通到相应的电枢绕组中。

随着转子的连续旋转,位置传感器不断地发送转子位置信号,使电枢绕组不断地依次通电,不断地改变通电状态,从而使得转子各磁极下电枢导体中流过的电流的方向始终不变。这就是无刷直流电动机电子换向的实质。

4. 调速方式

直流无刷电动机的调速过程是电动机的供电电源的电压不变,改变电调的控制信号,再通过微处理器改变大功率 MOS 管的开关速率,来实现转速的改变。这一过程被称为变频调速。总体来说,无刷电动机加无刷电调相当于改善了换向器和电刷功能的电动机。

5. 优点

◆ 低干扰 无刷电动机省去了电刷,最直接的变化就是没有了有刷电动机运转时产生的电火花,这样就极大地减少了电火花对无线电遥控设备的干扰。

◆ 噪声低 无刷电动机没有了电刷,运转时摩擦力大大减小,运行顺畅,噪声会低许多。

◆ 寿命长 无刷直流电动机因为少了电刷,机械磨损少,寿命长,通常可连续工作 20000h 左右,常规的使用寿命为 7~10 年。

◆ 低维护成本　少了电刷，无刷电动机的磨损主要在轴承上，从机械角度看，无刷电动机几乎是一种免维护的电动机了，必要的时候，只需做一些除尘维护即可。

通过比较可以发现，无刷电动机的许多性能都优于有刷电动机，但是有刷电动机低速转矩性能优异、转矩大等性能特点是无刷电动机不可替代的。不过就无刷电动机的使用方便性来看，随着无刷控制器的成本下降趋势和国内外无刷技术的发展与市场竞争，无刷动力系统正处在高速发展与普及阶段，这也极大地促进了无人机的发展。

3.2.3 空心杯电动机

空心杯电动机属于直流、永磁、伺服微特电动机。空心杯电动机具有突出的节能特性、灵敏方便的控制特性和稳定的运行特性，作为高效率的能量转换装置，代表了电动机的发展方向。

1. 结构组成

空心杯电动机在结构上突破了传统电动机的转子结构形式，采用的是无铁心转子。空心杯电动机具有十分突出的节能、控制和拖动特性。

无铁心转子是直接采用导线绕制成的，没有任何其他的结构支承这些绕线，绕线本身做成杯状，就构成了转子的结构。导线的绕制方式有叠绕和斜绕两种，如图 3-11 所示。

空心杯电动机分为有刷和无刷两种。有刷空心杯电动机转子无铁心，如图 3-12 所示。无刷空心杯电动机定子无铁心，如图 3-13 所示。

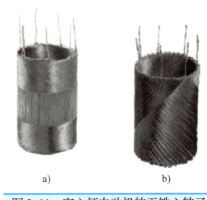

图 3-11　空心杯电动机的无铁心转子

a) 叠绕组　　b) 斜绕组

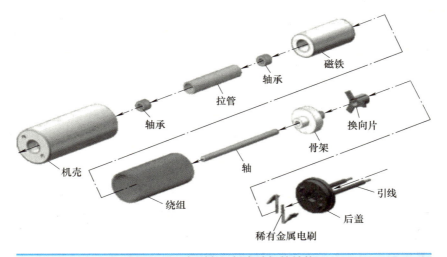

图 3-12　有刷空心杯电动机的结构

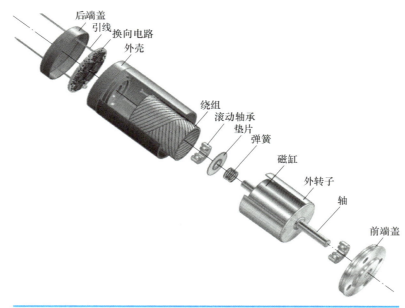

图 3-13　无刷空心杯电动机的结构

2．工作原理

无刷空心杯电动机由一个三相空心杯绕组、一个稀土永磁性材料制成的磁缸以及无传感器的电子换向电路组成。其与普通无刷电动机工作原理相似，通过反电动势进行检测和信号处理，来确定转子相对绕组产生的旋转磁场的位置。旋转的磁缸和磁通回路使漏磁减少，所以电动机的效率高。

3．特点

◆ 运行稳定可靠　自适应能力强，自身转速波动能控制在 2% 以内。

◆ 效率高　电能转换为机械能效率一般在 70% 以上，部分产品可达到 90% 以上（普通铁心电动机在 15%～50%）。

◆ 电磁干扰少　采用高品质的电刷、换向器结构，换向火花小，可以省去附加的抗干扰装置。

◆ 操控性好　起动、制动迅速，响应极快，机械时间常数小于 28ms，部分产品可以达到 10ms 以内，在推荐运行区域内的高速运转状态下，转速调节灵敏。

◆ 能量密度大　与同等功率的铁心电动机相比，重量、体积是其 1/2～2/3。

4．应用

随着工业技术的进步，各种机电设备严格的技术条件对伺服电动机提出了越来越高的技术要求。同时，目前空心杯电动机的应用范围已经完全脱离了高端产品的局限性，正在迅速地扩大到一般民用等低端产品的应用上，以广泛提升产品品质。据有关资料统计，在工业发达国家已经有 100 多种民用产品成熟应用了空心杯电动机。

国内工业界对空心杯电动机的卓越性能尚没有充分认识，阻碍了许多领域机电产品的技术进步，严重影响了与国外同类产品的技术竞争力。国内开发的许多新产品，因电机性能不符合要求，其产品的整体水平始终与国外同类产品存在较大差距，限制了很多产品的开发与发展，比如医疗器械、义肢、机器人、摄像机、照相机和一些特殊领域，甚至在纺织机械、激光测量仪器等方面都存在这种现象。但是，空心杯电动机的生产，由于其工艺复杂，生产自动化程度远不如铁心电动机，导致其生产成本高，劳动力成本高，而且对操作者的技能水平要求高，这都给大规模生产带来了很多困难和限制。我国对空心杯电动机的开发研制工作已有二三十年的历史，但直到近年才得到了较快发展，不但在国内市场替代了进口产品，而且已有企业开始参与国际市场的竞争。

3.3 活塞发动机

人类航空史上第一台航空活塞发动机诞生于1903年，由莱特兄弟将一台四缸、水平直列式水冷发动机改装后装在"飞行者一号"上进行飞行试验，首次飞行在空中停留了12s，飞行距离为36.6m。战争是技术创新变革的催化剂，两次世界大战把航空发动机技术发展推向了顶峰。截止到现在，活塞发动机技术已经非常成熟，也是无人机使用较广泛的动力装置之一。

3.3.1 活塞发动机的类型与结构

1. 类型

◆ 按活塞运动方式划分　可分为往复活塞式和旋转活塞式两类，如图3-14所示。

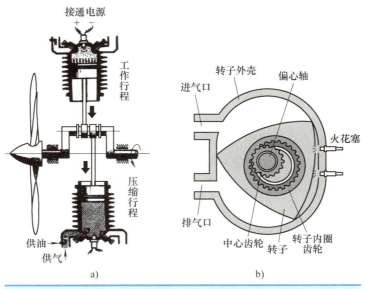

图3-14 活塞发动机

a) 往复活塞式　b) 旋转活塞式

1）往复活塞式发动机。活塞上下往复运动通过连杆和曲轴转变为螺旋桨的回转运动。这是发展历史最长、技术最为成熟、使用最多的活塞发动机。下面主要介绍此类型活塞发动机。

2）旋转活塞式发动机。一般为三角转子发动机，由于其低速运转时动力性和燃料经济性较差，故还处于不断发展阶段。

◆ 按混合气形成方式划分　可分为汽化器式和直接喷射式。

1）汽化器式发动机。燃料和空气在汽化器中预先混合好后进入燃烧室进行燃烧，适用于大功率发动机。

2）直接喷射式发动机。燃料直接喷射入燃烧室，与空气在燃烧室混合后燃烧，适用于小功率发动机。

◆ 按发动机冷却方式划分　可分为气冷式和水冷式。

1）气冷式发动机。利用空气直接冷却发动机气缸，较适用于小功率的发动机。

2）水冷式发动机。由自身冷却系统的冷却液冷却气缸，再由空气冷却冷却液，实现双重冷却。该冷却方式既适用于大功率发动机，也适用于小功率发动机。

◆ 按空气进入气缸前是否增压划分　可分为增压式和自然吸气式，如图3-15所示。

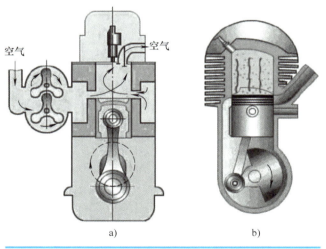

图3-15　增压式和自然吸气式发动机
a）增压式　b）自然吸气式

1）增压式发动机。空气进入气缸前先经过增压器提高压力后再进入气缸，这样可以提高燃料燃烧的效率，所以适合高空飞行的大功率发动机。

2）自然吸气式发动机。空气靠气缸活塞运动产生的负压，由大气压自然吸入，适合低空飞行的发动机。

◆ 按气缸排列方式划分　可分为直列式和星形式，如图3-16所示。

1）直列式发动机。直列式发动机是指气缸按直线成行排列，分为对缸、V形、W形等。

2）星形式发动机。从正面看，星形式发动机所有气缸均以曲轴为中心，沿圆周呈辐射状均布于机匣上，就像闪烁的星星，故称星形式发动机。星形式发动机分为单层、双层和多层等不同形式。

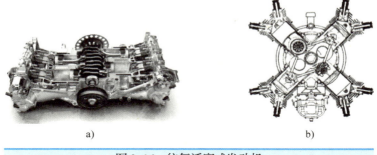

图 3-16 往复活塞式发动机

a) 直列式　b) 星形式

◆ **按是否安装减速器划分**　可分为直接驱动式和间接驱动式。

1）直接驱动式发动机。该类型发动机的曲轴直接与螺旋桨相连。

2）间接驱动式发动机。该类型发动机的曲轴与螺旋桨之间设有减速器，便于螺旋桨调速，适用于大型无人机。

2. 活塞发动机的结构组成

航空活塞发动机与汽车发动机有很多相同点，但不尽相同。它是一种通过燃料燃烧做功推动曲轴运动，将热能转换为机械能的四冲程、电点火的汽油发动机。其主要由气缸、活塞、连杆、曲轴、气门机构、螺旋桨减速器、机匣等组成，如图 3-17 所示。

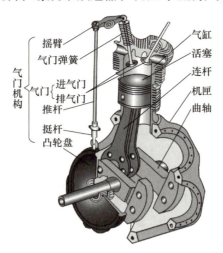

图 3-17 航空活塞发动机的组成

◆ **气缸**　气缸是为活塞在其中运动起导向作用的圆柱形空腔。气缸工作表面经常接触高温、高压的燃气，而且活塞在其中高速往复运动，所以气缸内壁必须耐高温、耐腐蚀、耐摩擦。为满足这些要求，同时提高经济性，气缸整体设计成包括气缸头、气缸筒和气缸垫。

1）气缸头。气缸头的主要作用是密封气缸上部，并与活塞顶部和气缸一起形成燃烧室。同时也为进排气门座孔、气门导管孔和进排气道等其他零部件提供安装位置。气缸头的燃烧室一侧直接接触高温高压燃气，受到很大的热负荷和冲击力，所以应选用导热性好、机械强度和热强度高、铸造性好的材料，如优质灰铸铁、合金铸铁和铝合金。

2）气缸筒。气缸筒包括筒体和钢衬套两部分。钢衬套是直接接触高温高压燃烧气体的部分，一般采用优质灰铸铁制造。为了提高气缸的耐磨性，会在铸铁中加入少量合金元素，如镍、钼、铬等。而筒体则采用价格较低的普通铸铁或铝合金等材料制造。

3）气缸垫。气缸垫是气缸头底面与气缸筒顶面之间的密封件，用来保证燃烧室不漏气。同时还要满足以下要求：耐高温、耐高压、耐腐蚀；具有一定的弹性；拆装方便、寿命长。目前使用较多的是金属 - 石棉气缸垫。

◆ 活塞　活塞是在气缸内做非匀速往复直线运动的部件，承受气缸内燃气的压力和高温，将燃气所做的功传递出去。活塞主要由活塞柱、活塞胀圈、活塞销组成，如图 3-18 所示。

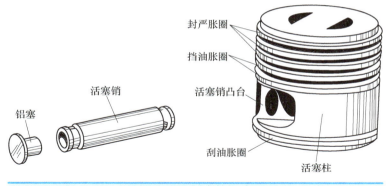

图 3-18　活塞的组成

1）活塞柱。活塞柱分为四个部分：活塞顶部、活塞头部、活塞裙部、活塞销座。

① 活塞顶部：活塞顶部是直接与高温高压的燃气接触的部分。活塞顶部的形状主要取决于燃烧室的选择与设计，可以采用平顶、凹顶、凸顶、凹坑形式。

② 活塞头部：活塞头部是活塞胀圈槽以上的部分，头部切有若干用以安装活塞胀圈的环槽，分别安装气环和油环。

③ 活塞裙部：活塞裙部指自活塞胀圈槽下面起至活塞柱底面的部分，其作用是为活塞在气缸内做往复运动导向和承载侧压力。

④ 活塞销座：活塞销孔与活塞销组成一对摩擦副，它将活塞顶部气体作用力通过活塞销座传给活塞销，再传递给连杆和曲轴。

2）活塞胀圈。活塞胀圈安装在活塞胀圈槽内，借本身的弹力和燃气从内侧作用的侧压力，紧压在气缸壁上。其作用是防止燃气从燃烧室中泄漏出去，同时阻挡滑油渗到燃烧室中，影响燃烧效率。活塞胀圈按作用可分为封严胀圈、挡油胀圈、刮油胀圈。

① 封严胀圈的作用是密封和导热。既保证活塞与气缸壁间的密封，防止气缸中高温、高压燃气泄漏出去，同时还把活塞顶部的大量热量传给气缸壁，再由冷却液或者空气带走。一般每个活塞上安装 3 个封严胀圈。

② 挡油胀圈的作用是控制气缸壁上滑油油膜的厚度。多余的滑油进入燃烧室，燃烧后会在电嘴和气门头部留下积炭，从而引起点火延迟、爆燃、滑油消耗过量等问题。挡油胀圈安装在封严胀圈和活塞销衬套之间。一般每个活塞上安装 1～2 个挡油胀圈，其胀圈槽开有若干小孔，便于多余的滑油流回机匣内。

③ 刮油胀圈的作用是刮除气缸壁上多余的滑油，并在气缸壁上涂上一层均匀的滑油膜，也可以起到封气的辅助作用。刮油胀圈安装在活塞裙部的底部，一般每个活塞上安装 1 个刮油胀圈。

3）活塞销。活塞销的作用是连接活塞和连杆小头，将活塞承受的气体作用力传给连杆。

活塞销在发动机运转过程中承受着高温和周期性的巨大载荷，润滑条件差，所以要求刚度高、强度高、耐磨、质轻，多采用低碳钢或低碳合金钢制造并进行渗碳、精磨、抛光处理，以满足要求。

活塞销与活塞销座孔和连杆小头衬套孔的连接配合，一般采用"全浮式"，即在发动机运转过程中，活塞销既可以在连杆小头衬套孔内，也可以在活塞销座孔内缓慢地转动，这样可使活塞销各部分磨损均匀。

◆ 连杆　连杆的作用是连接活塞和曲轴，把活塞的往复运动转变为曲轴的旋转运动，并将活塞承受的力传给曲轴。连杆承受的力主要来自由活塞销传来的气体作用力和活塞组往复运动的惯性作用。连杆受到是压缩、拉伸和弯曲的交变载荷，所以要求在确保足够刚度和强度的前提下尽可能减轻重量，故连杆杆身通常做成工字形断面。连杆一般是用中碳钢或者合金钢经模锻或辊锻制成，然后进行机械加工和热处理。

连杆由三部分构成，与活塞销连接的部分称为连杆小头；与曲轴连接的部分称为连杆大头，连接连杆大头和连杆小头的杆部称为连杆杆身。连杆小头多为薄壁圆环形结构，为减少与活塞销之间的磨损，在连杆小头孔内压入薄壁青铜衬套。在连杆小头和衬套上钻孔或铣槽，以使飞溅的滑油进入，润滑衬套与活塞销的配合表面。

连杆杆身是一个长杆件，在工作中受力也较大，为防止其弯曲变形，杆身必须要有足够的刚度。为此，连杆杆身大都采用 I 形断面。I 形断面可以在刚度与强度都足够的情况下使质量最小。高强化发动机也有采用 H 形断面的。有的发动机采用连杆小头喷溅滑油冷却活塞，此时须在杆身纵向钻通孔。为避免应力集中，连杆杆身与连杆小头、连杆大头连接处均采用大圆弧光滑过渡。

◆ 曲轴　曲轴是发动机中最重要的部件。曲轴的作用是承受连杆传来的力，由此产生力矩，并对外输出转矩至螺旋桨。曲轴工作中受到旋转质量的离心力、周期变化的气体惯性力和往复惯性力的共同作用,因此要求曲轴有足够的强度和刚度,轴颈表面需耐磨,且工作均匀、平衡性好。

曲轴由轴头(自由端)、曲拐(曲柄销、曲柄、主轴颈)、轴尾(转矩输出端)三部分组成,如图3-19所示。

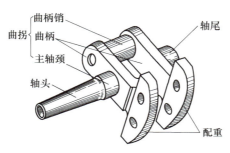

图3-19　曲轴的组成

气缸数目及其排列方式决定了曲轴的曲拐数,直列式发动机的曲拐数等于气缸数,V形发动机的曲拐数等于气缸数的一半。

曲轴的形状和各曲拐的相对位置,取决于气缸数、气缸排列方式和点火次序。在安排点火次序时要注意以下两点:①做功间隔要尽量均匀;②连续做功的两缸要相隔尽量远。一般四缸发动机的点火顺序为1-2-4-3或1-3-4-2。

曲轴上配置有平衡重,用来平衡发动机的离心力和离心力矩,这样可以减弱曲轴的疲劳。为了减轻主轴的载荷,一般将平衡重设置在曲柄的相反方向。

◆ 气门机构　气门机构的作用是依照发动机的每一个气缸的点火顺序,定时打开和关闭进、排气门,使新鲜的可燃混合气在适当的时刻进入气缸,并保证燃烧后的废气及时排出气缸。

气门机构由气门组和气门传动组两大部分组成。

1)气门组包括气门、气门导管、气门座和气门弹簧等部件,如图3-20所示。

① 气门:气门是由头部和杆部组成的,如图3-21所示。气门分为进气门和排气门。气门头部用来封闭气缸的进、排气通道,杆部则

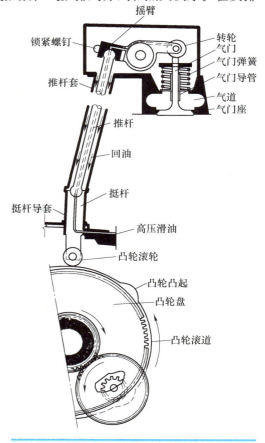

图3-20　气门机构的组成

主要为气门的运动导向。

② 气门导管：气门导管主要起导向作用，保证气门做直线往复运动，使气门与气门座能正确贴合，如图 3-22 所示。

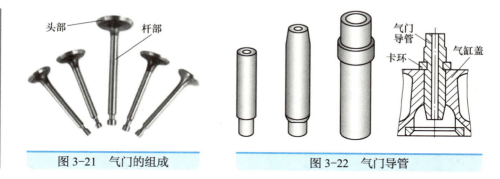

图 3-21　气门的组成　　　　　　图 3-22　气门导管

③ 气门座：气缸盖（或缸体）的进、排气道与气门相结合的部位称为气门座。气门座与气门头部密封锥面相互配合而密封气缸，气门头部的热量也经过气门座外传。

④ 气门弹簧：气门弹簧的作用是保证气门自动回位关闭而密封，保证气门与气门座的密封，吸收气门在开启和关闭过程中传动零件所产生的惯性力，以防止各种传动件彼此分离而影响配气机构的正常工作。

2）气门传动组主要由凸轮盘（或凸轮轴）、挺杆、推杆、摇臂轴和摇臂座等组成，如图 3-23 所示。

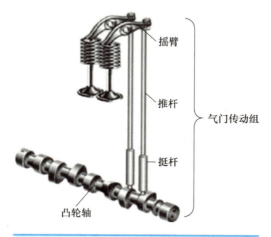

图 3-23　气门传动组

① 凸轮盘：凸轮盘的作用是驱动和控制发动机各缸气门的开启和关闭，使其符合发动机的工作顺序、配气相位及气门开度的变化规律等要求。凸轮轴用于直列式发动机。

② 挺杆：挺杆的作用是将凸轮的推力传给推杆或气门。挺杆分为普通挺杆和液力挺杆。

③ 推杆：在凸轮轴下置（或中置）式配气机构中，推杆位于挺杆和摇臂之间，其作用是将挺杆传来的推力传给摇臂。

④ 摇臂轴和摇臂座：摇臂轴和摇臂座的作用是将推杆或凸轮传来的力改变方向，作用到气门杆端部以推开气门。

◆ 螺旋桨减速器　螺旋桨减速器是将发动机输出轴的转速降低到螺旋桨所需转速的齿轮传动装置。大功率活塞发动机会在曲轴和螺旋桨轴之间加装减速器。

螺旋桨减速器由齿轮、齿轮架、轴、轴承和机匣等组件组成。这是由于现代大功率发动机都具有较高的转速，而飞机在起飞和飞行中都需要很大的拉力，为此需要采用能排流大量空气的大直径螺旋桨。但大直径的螺旋桨在过高的转速下，其叶尖速度会超过音速而使螺旋桨的效率大大降低。因此，必须采用减速器以降低螺旋桨的转速。

航空发动机用的螺旋桨减速器必须结构紧凑、重量轻，在高转速、高负荷下能够长期可靠工作。它在运转中还需工作平稳、噪声低、啮合均匀，避免与其他零件发生高频谐振。

◆ 机匣　机匣是航空发动机的重要零件之一，是整个发动机的基座，是航空发动机的主要承力部件。其外形结构复杂，不同的发动机、发动机的不同部位，机匣形状各不相同。机匣零件的功能决定了机匣的形状，但它们的基本特征是圆筒形或圆锥形的壳体和支板组成的构件。机匣零件设计难度大、周期长，在整个发动机的设计中，机匣的设计占相当大的比重，因此提高机匣的设计效率对压缩发动机整机的设计周期有重要的意义。

3.3.2 活塞发动机的工作原理及辅助系统

1. 工作原理

◆ 活塞往复运动特殊位置　活塞在气缸中做往复运动完成混合气体的热循环过程中，涉及几个特殊位置和相关术语（图3-24）。

1）上止点。指活塞在气缸中做往复直线运动时，活塞向上运动的最高位置，即活塞顶部距离曲轴回转中心最远的极限位置。

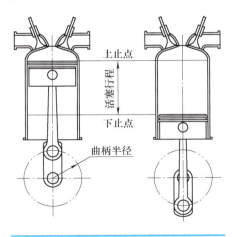

图3-24　几个关键的位置及术语

2）下止点。指活塞在气缸中做往复直线运动时，活塞向下运动的最低位置，即活塞顶部距离曲轴回转中心最近的极限位置。

3）活塞行程。指活塞从一个止点到另一个止点移动的距离，即上、下止点间的距离，一般用 S 表示。对应一个活塞行程，曲轴旋转 180°。

4）曲柄半径。指曲轴回转中心到曲柄销中心之间的距离，一般用 R 表示。通常活塞行程为曲柄半径的两倍，即 S=2R。

5）气缸工作容积。活塞从一个止点运动到另一个止点所扫过的容积，称为气缸工作容积，一般用 V_h 表示。

6）燃烧室容积。活塞位于上止点时，其顶部与气缸盖之间的容积称为燃烧室容积，一般用 V_c 表示。

7）气缸总容积。活塞位于下止点时，其顶部与气缸盖之间的容积称为气缸总容积。一般用 V_a 表示，显而易见，气缸总容积就是气缸工作容积和燃烧室容积之和，即 $V_a=V_c+V_h$。

◆ 往复式活塞发动机的工作原理　往复式活塞发动机大多是四冲程发动机，即一个气缸完成一个工作循环，活塞在气缸内要经过四个行程，依次是进气行程、压缩行程、做功行程和排气行程，如图 3-25 所示。在这四个行程中，活塞上下往返运动两次，曲轴旋转两周。

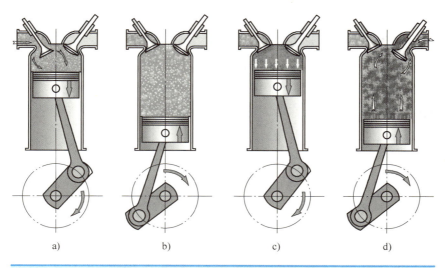

图 3-25　往复式活塞发动机的四个行程

a）进气行程　b）压缩行程　c）做功行程　d）排气行程

1）进气行程。发动机开始工作时，首先进入进气行程。在进气行程中，排气门始终关闭，活塞在上止点时进气门打开。因此，当活塞从上止点向下止点移动时，气缸内容积增大，压力减小，在气缸内外压力差的作用下，混合气经过进气门进入气缸。活塞到达下止点时，进气门关闭，不再进气，进气行程结束。混合气体中汽油和空气的比例，一般是 1:14.7，即燃烧 1kg 的汽油需要 14.7kg 的空气。

2）压缩行程。进气行程完毕后，开始了第二行程，即压缩行程。这时曲轴靠惯性作用继续旋转，把活塞由下止点向上推动。这时进气门也同排气门一样严密关闭，气缸内容积逐渐减小，混合气体受到活塞的强烈压缩。当活塞运动到上止点时，混合气体被压缩在上止点和气缸盖之间的小空间内。这个小空间叫作燃烧室。这时混合气体的压力增大到了10个大气压，温度也升高到400℃左右。压缩是为了更好地利用汽油燃烧时产生的热量，使限制在燃烧室这个小空间里的混合气体的压力大大提高，以便增加它燃烧后的做功能力。

当活塞处于下止点时，气缸内的容积最大；活塞在上止点时，气缸内的容积最小（后者也是燃烧室容积）。混合气体被压缩的程度，可以用这两个容积的比值来衡量。这个比值叫压缩比。活塞航空发动机的压缩比为5～8。压缩比越大，气体被压缩得越厉害，发动机产生的功率也越大。

3）做功行程。压缩行程之后是工作行程，也是第三个行程。在压缩行程快结束，活塞接近上止点时，火花塞在高压电的作用下产生电火花，将混合气体点燃，燃烧时间很短，约为0.015s；但是燃烧速度很快，可达到30m/s。此时气体猛烈膨胀，压力急剧增高，可达60～75个大气压，燃烧气体的温度可达2000～2500℃。燃烧时，局部温度可达3000～4000℃，作用在活塞上的冲击力可达15t。活塞在强大的压力作用下，迅速向下止点运动，并推动连杆，进而带动曲轴旋转。

这个行程是使发动机获得动力的唯一行程，其余三个行程都是为这个行程做准备的。

4）排气行程。第四个行程是排气行程。做功行程结束后，由于惯性，曲轴继续旋转，使活塞由下止点向上运动。这时进气门仍旧关闭，而排气门打开，燃烧后的废气便通过排气门向外排出。当活塞到达上止点时，绝大部分的废气已被排出，然后排气门关闭，进气门打开，活塞又由上止点下行，开始新的循环。

从进气行程吸入新鲜混合气体起，到排气行程排出废气止，汽油的热能通过燃烧转化为推动活塞运动的机械能，带动螺旋桨旋转而做功，这一总的过程叫作一个工作循环。这是一种周而复始的运动。由于其中包含着热能到机械能的转化，所以又叫作热循环。

◆ 往复式活塞发动机工作中的几个特殊角　在往复式活塞发动机的一个工作循环中，进气门和排气门以及点火系统与活塞的往复运动相配合，实现了可燃混合气体的最大效率的能量转换。在这一过程中，有四个角的大小直接影响了气体的燃烧效率。

1）进气门早开角α和迟闭角β。进气门早开角α是进气门刚刚打开时，曲柄与气缸中心线之间的夹角，为15°～45°。进气门要早开，也就是应在排气行程的后期打开，这样可以尽量多地吹除废气，尽量多地进入新鲜的混合气，提高发动机的容积效率，从而提高发动机的输出功率，又有利于气缸冷却，特别是气缸头的冷却。但是，进气门开得过早会使刚进入气缸的一部分新鲜混合气从排气门排出，经济性变差；进气门开得过晚，会使进入气缸的混合气减少，对气缸头的冷却作用变差。

进气门迟闭角 β 是进气门恰好完全关闭时，曲柄与气缸中心线之间的夹角，为 $40°\sim80°$。进气门要迟闭，即应在压缩行程的初期关闭，这样可以尽量多地进入新鲜的混合气，其作用与进气门早开角 α 一样。但是，进气门关得过晚，会使一部分已经进入气缸的新鲜混合气被压回进气管内，使进入气缸的新鲜混合气量减少；进气门关得过早，也会使进入气缸的新鲜混合气量减少。

2）点火提前角。为了保证燃气最大压力值出现在曲轴转过上止点后 $10°\sim15°$，以获得尽可能大的发动机功率，就必须使发动机提前点火。所以，在压缩行程的末期，活塞尚未到达上止点时，火花塞就点燃混合气，这叫作发动机提前点火。点火提前角是火花塞刚跳火时，曲柄与气缸中心线之间的夹角，一般为 $20°\sim35°$。

点火提前角过大时，气缸内气体的压力和温度升高得过早，活塞压缩气体所消耗的功将增大，同时燃气向外放出的热量增多，致使气体膨胀过程所做的功减小，会减小发动机的输出功率，还容易发生爆燃。严重时，由于在压缩行程的后期，作用于活塞上的压力太大，还会使曲轴发生倒转。

点火提前角过小时，气缸内燃气的最高压力出现得晚，数值也将减小，也会使发动机输出的功率减小。

3）排气门早开角 γ 和迟闭角 δ。排气门早开角 γ 是排气门刚打开时，曲柄与气缸中心线之间的夹角，为 $50°\sim80°$。排气门要早开，即应在做功行程的后期打开，这样可尽量多地排除废气，尽量多地进入新鲜混合气，减少排气行程中活塞所消耗的功，从而提高发动机的输出功率。但是，过早打开排气门，会影响做功行程的进行，减小输出功率；排气门打开得过晚，则排气不彻底，会增加活塞向上运动的阻力，减小输出功率。

排气门迟闭角 δ 是排气门恰好完全关闭时，曲柄与气缸中心线之间的夹角，为 $20°\sim40°$。排气门要晚关，即应在进气行程的初期关闭，这样可以尽量多地进入新鲜混合气，增大新鲜混合气的充填量，提高发动机的输出功率。排气门关得过早，则废气排除得不彻底，就会减少进入气缸的新鲜混合气的量，降低容积效率，减小输出功率；排气门关得过晚，已进入气缸的一部分新鲜混合气会从排气门直接排入大气，使发动机的经济性下降。

4）气门叠开角。进气门和排气门同为打开状态，对应曲轴旋转的角度，称为气门叠开角或气门重叠。气门叠开角等于进气门早开角与排气门迟闭角之和，即气门叠开角 $=\alpha+\delta$，为 $40°\sim80°$。气门叠开可以增加进入气缸的新鲜混合气的量，提高发动机的容积效率，增大发动机的输出功率，也有利于气缸的冷却。

◆ 旋转活塞发动机　旋转活塞发动机又称为转子发动机，由德国人菲加士·汪克尔（Felix Wankel，1902—1988 年）发明，他在总结前人研究成果的基础上，解决了一些关键技术问题，成功研制了第一台转子发动机。

1）旋转活塞发动机的基本结构。旋转活塞发动机主要由转子、转子室、密封环、火花塞和偏心轴等组成。

① 转子及转子燃烧室（图3-26）：转子的三个侧面和转子室形成三个空间，分别做功推动转子转动。转子燃烧室的形状和位置会对燃烧特性产生很大的影响，所以要根据燃油经济性和废气排放等要求，慎重设计燃烧室。

② 密封环：转子发动机的密封环比活塞发动机的种类多、结构复杂、长度长，包括油环、边封、角封、菱封。油环的作用是控制滑油在内壁形成一层均匀的油膜。边封相当于活塞发动机的封严胀圈，作用是和菱封共同保证转子三个面的气密性。角封的作用是保证菱封与边封结合部分的气密性。

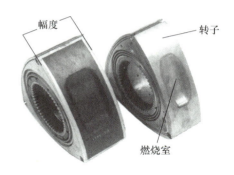

图3-26 转子及转子燃烧室

③ 转子室：它相当于活塞发动机的缸体，是许多部件的安装基体。转子室上有冷却通道，为了提高刚性，转子室上还有加强筋，以及提高冷却效果的散热片。

④ 偏心轴：偏心轴相当于活塞发动机的曲轴，不过其长度比多缸活塞发动机的曲轴短很多，位相（轴上配重的间隔角度）也小，这对于刚性是很有利的。另外，其摩擦损失小，在振动方面也很有优势。从偏心轴的滑油油路出来的滑油会润滑转子和轴承。

2）旋转活塞发动机的工作原理。旋转活塞发动机与往复活塞发动机一样，整个工作过程分为四个行程——进气行程、压缩行程、做功行程、排气行程，如图3-27所示。但是，旋转活塞发动机通过三角转子的旋转运动来完成各行程，与传统的往复活塞发动机的直线运动迥然不同。

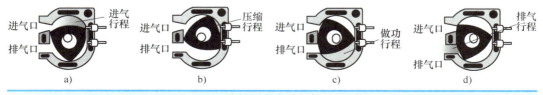

图3-27 旋转活塞发动机的工作原理

a）进气行程 b）压缩行程 c）做功行程 d）排气行程

可燃混合气体燃烧释放能量，推动转子围绕偏心轴旋转，转子与偏心轴之间通过齿轮传动，所以偏心轴随转子一起转动，将燃料燃烧的热能转变为偏心轴的机械能输出。一个转子把转子室分成了三个区域，转子转动一圈，三个区域都会做功一次，共做功三次。

转子发动机与传统往复式发动机的比较：往复式发动机和转子发动机都依靠空气燃料混合气燃烧产生的膨胀压力来获得转动力，两种发动机的机构差异在于使用膨胀压力的方式；在往复式发动机中，产生于活塞顶部的膨胀压力向下推动活塞，转变成机械功传给连杆，带动曲轴转动，对于转子发动机，膨胀压力作用在转子的侧面，从而将三角形转子的三个面之一推向偏心轴的中心，这一运动在两个分力的作用下进行，一个是指向输出轴中心的向心力，另一个是使输出轴转动的切向力。

3）旋转活塞发动机的特点。

① 小型轻量：构造简单，在空间和重量上很有优势，比如双转子和同样动力输出的直列式六缸相比，重量和大小只有直列式六缸的 2/3。重量轻也对运动性能和燃油经济性起到了积极作用。

② 转矩输出平顺：活塞发动机活塞的上下运动会因为惯性产生转矩变动，而转子发动机则不会。实际行驶中，双转子发动机的转矩变动与直列式六缸相当，三转子发动机的动力远高于 V8 发动机，接近 V12 发动机。

③ 振动噪声小：活塞发动机的振动来源是活塞上下运动和气门机构的运动，而转子做回转运动，所以很难发生振动。另外转子发动机也没有气门机构，所以噪声也非常小。

④ 构造简单：首先转子发动机不需要活塞发动机的连杆机构，其次不需要正时链条、凸轮轴、气门、气门弹簧等零件，仅靠转子自身的转动就能打开或关闭进、排气口。

⑤ 可靠性高、寿命长：偏心轴的转速是转子的转速的三倍，转子每转一周发动机做功三次，相比往复式活塞发动机曲轴转两周发动机做功一次，其高速下的可靠性高、寿命长。

⑥ 易漏气：转子发动机三个容积之间只有一个径向密封片，并且密封片与缸体是线接触，因此三个燃烧室之间密封不好，且润滑也差，导致磨损快，易造成漏气问题。

⑦ 油耗高：转子发动机由于压缩比小，燃烧室的形状不利于完全燃烧，故增加了油耗。

⑧ 维修复杂：转子发动机机械结构独特，维修复杂，维修费用高。

2．辅助系统

◆ 燃油系统　燃油系统的功能是储油和供油。根据油气混合物配置方法的不同，有汽化器式和直接喷射式两种燃油系统。汽化器式燃油系统是在供油过程中，将燃油雾化并与空气均匀混合后，供入气缸；直接喷射式燃油系统是将雾化燃油直接喷射入气缸，在气缸内完成油气混合。

◆ 点火系统　点火系统由磁电机、分电器和火花塞三部分组成。磁电机是产生高压电的自备电源，通过分电器将高压电依次接至各个气缸的火花塞，使火花塞产生电火花，将气缸中的新鲜混合气点燃。

◆ 起动系统　发动机工作前，首先使用起动系统使曲轴转动，使发动机由静止状态过渡到正常运转状态，完成起动过程。起动系统有气体压力和电力两种类型。轻型发动机多使用电力起动系统，即由电动机带动惯性系统旋转，利用惯性系统储存的能量带动曲轴加速转动，同时点火，使发动机自主运转。

◆ 滑油系统　滑油系统的功用是减少发动机上各个相对运动机件之间的摩擦，加强发动机内部的冷却等。在该系统中，滑油泵不断地将滑油从滑油储存器中吸出，使滑油在发动机内部循环后重新返回储存器中。

◆ 冷却系统　冷却系统有气冷式和水冷式两种，轻型发动机（如直立式和水平对置式发动机）和星形发动机多采用气冷式；V 形发动机采用水冷式。冷却系统主要用于加强发动机的外部冷却，外部冷却和润滑系统的内部冷却使发动机能够在允许的温度条件下正常运转。

3.4 涡轮发动机

涡轮发动机是喷气发动机中有压气机的一类。喷气发动机是向空气中高速喷射燃烧气体而产生反作用力进而获得动力推进无人机的装置。压气机的作用就是对空气气流进行增压，为后续行程提供有利条件。涡轮发动机工作时从前端吸入大量空气，燃烧后向后高速喷出，相当于发动机给气体施加力使之加速向后喷射，按照作用力与反作用力原理，向后高速喷出的气体也会给发动机一个反作用力，这就是使飞机前进的推力。

从能量转换角度分析，涡轮发动机与活塞发动机的工作过程是一样的，都经历进气、压缩、做功、排气四个行程。但是，活塞发动机的四个行程是分时段依次进行的，而涡轮发动机的四个行程是同时进行的。

涡轮发动机的核心部件是压气机、燃烧室、涡轮等。根据结构不同，分为涡轮喷气发动机、涡轮螺旋桨发动机、涡轮风扇发动机和涡轮轴发动机四大类。其中涡轮喷气发动机是涡轮发动机的基础，在此结构基础上，根据不同需求发展了其他三类涡轮发动机。

3.4.1 涡轮喷气发动机

1939 年 8 月 27 日，一架搭载了改进型 HeS3B 的 He178 飞机进行了世界上首次喷气飞行试验并且试飞成功，这标志着世界上第一台喷气发动机的诞生，与此同时诞生了世界上第一架喷气式飞机，人类从此开始喷气飞行时代。随后，喷气发动机成为油动类动力装置的主力军。

1. 结构组成

涡轮喷气发动机主要由进气道、压气机、燃烧室、涡轮、尾喷管和其他辅助系统组成，如图 3-28 所示。

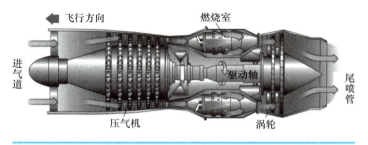

图 3-28 涡轮喷气发动机的结构组成

◆ 进气道 进气道相当于人体的呼吸系统，主要作用是在各种工作状态下，能够将足够量的高品质空气,以最小的流动损失引入压气机。进气道按进气速度大小分为亚音速(低于标准声速340m/s)进气道和超音速(高于标准声速340m/s)进气道。

亚音速进气道由壳体和整流锥两部分组成,进气道前端属于扩张型管道,在靠近压气机前端稍有收敛。这样,气体进入进气道后速度下降、压力温度上升;经过整流锥进入压气机前形成速度、压力、温度均适宜的气体,保证后续工作进程顺利进行。

超音速进气道又分为内压式、外压式、混合式三种,如图3-29所示。相较于亚音速进气道,超音速进气道要考虑激波问题,激波是超音速气流中的强压缩波。经过激波,气流的压强、密度、温度都会突然升高,流速则突然下降,所以在结构上需要增加将超音速流减速压缩到亚音速流的部分。内压式进气道体现在气流达到进气口时不减速,所有减速过程都是在进气口内完成的。外压式进气道正好相反,在进气口外形成激波,将气流减速到一定的程度,然后由皮托管进气口完成剩余的减速过程。外压式进气道又分为皮托式和多波系两种类型。混合式进气道则是两种方式进气道的混合运用。

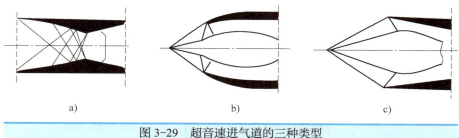

图3-29　超音速进气道的三种类型

a) 内压式　b) 外压式　c) 混合式

◆　压气机　压气机是涡轮喷气发动机的重要组成部件之一。其主要作用是通过高速旋转的叶片对空气做功,压缩空气,提高空气压力,为后续可燃混合气体的燃烧创造有利条件,提高发动机的经济性,增加其推力。

压气机按其结构可分为离心式和轴流式两种。

离心式压气机由进气系统、叶轮、扩压器和集气管四部分组成,如图3-30所示。压气机通过中间轴与涡轮相连接。离心式压气机中空气的流动是轴向进气,径向排气,增压原理为离心增压。

轴流式压气机由转子叶片、静子叶片、固定盘、旋转轴和机匣组成,如图3-31所示。其中转子叶片在前、静子叶片在后。在轴流式压气机中,空气沿轴向流动,轴向进气、排气。转子叶片做功增速,同时靠扩张叶栅通道降低相对速度,增加压力;静子叶片使在转子叶片中获得能量的气流,通过扩张叶栅通道二次减速增压。同时静子叶片还起导向作用,将气流引导到一定方向,气体经二次减速增压后进入燃烧室,有助于混合气充分燃烧,提高热效率。

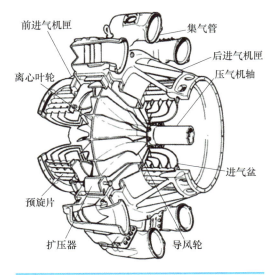

图 3-30 离心式压气机的组成

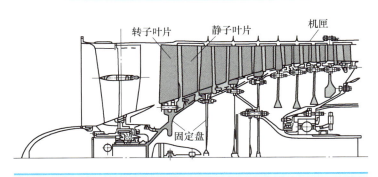

图 3-31 轴流式压气机的组成

◆ 燃烧室　燃烧室是发动机的重要部件之一，是能量转换器。燃烧室位于压气机和涡轮之间，其主要作用是使高压空气和燃油充分混合并燃烧，将可燃混合气体的化学能转化为热能，产生高温高压的燃气。燃烧室的情况在很大程度上决定了发动机的可靠性、经济性和使用寿命。

燃烧室完成了将可燃混合气体的化学能向热能的转换，其工作特点是：①进口气流速度大；②燃烧室容积小（热强度大）；③工作温度高（2500K）；④出口气流温度受到涡轮叶片的热强度的限制，不能过高；⑤进口参数变化大。

燃烧室主要由扩压器、喷油器、火焰筒、扰流器、点火器、联焰管组成，如图 3-32 所示。其中扩压器是对空气进行减速增压；喷油器用来喷射雾化良好的燃油；火焰筒是可燃混合气体燃烧的场所；扰流器内设有火焰稳定器，有助于形成回流区，利于可燃混合气完全燃烧；点火器安装在部分火焰筒内，是可燃混合气体的引燃装置；联焰管用于点燃无点火器的火焰筒内的可燃混合气体。

1）燃烧室按位置分为主燃烧室和加力燃烧室。

主燃烧室位于压气机之后，加力燃烧室位于涡轮之后，其主要作用是通过向已燃气中喷油，提高排气温度，增加气体做功能力，使喷气发动机推力增加。加力燃烧室一般仅在需要时工作，工作时间较短。

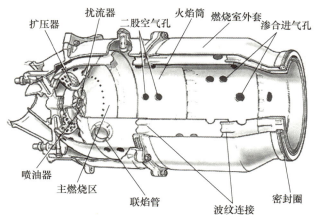

图 3-32　燃烧室的结构组成

2）燃烧室按结构形式可分为单管燃烧室、联管燃烧室和环形燃烧室三种。

单管燃烧室由多个（一般是 8～16 个）单个燃烧室组成，如图 3-33 所示。它们之间由联焰管相连，起传播火焰和均压的作用。单管燃烧室在早期的涡轮喷气发动机中用得较多，与离心式压气机配合使用，在结构上比较简单，可以单独的拆换，维护比较方便。其缺点主要是空间利用率低；不仅本身比较重，而且因为它不能传递涡轮和压气机壳体上的转矩，还要增加其他结构部件（轴承机匣），从而增加整机的重量。

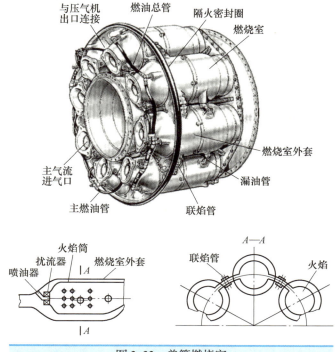

图 3-33　单管燃烧室

联管燃烧室与单管燃烧室的相同之处是有若干单独的火焰筒，不同之处是这些火焰筒安装在一个共同的环形腔道里，如图 3-34 所示。联管燃烧室的优点是结构比较紧凑，外壳可传递转矩，因而有利于减轻发动机的重量。

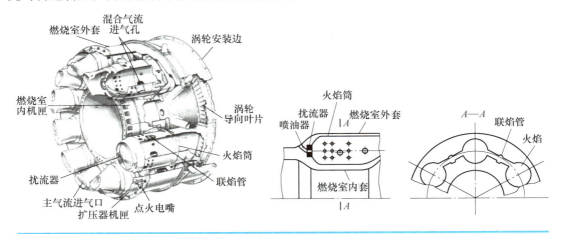

图 3-34　联管燃烧室

环形燃烧室由四个同心的圆筒组成，如图 3-35 所示。在火焰筒的头部沿周向装有均匀分布的喷油器和火焰稳定装置，与压气机出口和涡轮进口的环形气流通道可以有很好的气动配合，以减少流动损失，缩短燃烧室头部的扩压段，得到较均匀的出口周向温度场。环形燃烧室空间利用率最高，壳体结构有利于转矩和力的传递，更有利于减轻重量。其缺点主要是：①沿圆周均匀分布的各个离心喷油器喷油所形成的燃油分布和环形通道的进气配合不佳；②设计调试比较困难，需要大型的气源设备；③使用中装拆维护也比较复杂。

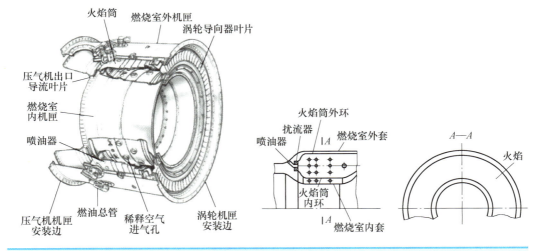

图 3-35　环形燃烧室

◆ 涡轮　涡轮是涡轮发动机的重要组成部分，安装在燃烧室之后，将可燃混合气体的热能转换为机械能并对外做功，带动压气机（风扇）、螺旋桨、旋翼（尾桨）等工作。

高温、高压、高速、高能的气体流入涡轮，使涡轮承载 1600～1950K 的高温热负荷、高速转动的离心负荷和轴负荷以及高气动负荷。

涡轮在结构上由静子导向器和动子工作叶轮组成（图 3-36）。与压气机不同的是，在涡轮中静子导向器在前、工作叶轮在后。静子导向器又称涡轮喷嘴环，燃气在涡轮喷嘴环内气流速度增加，压力下降，并改变流动方向，来满足工作叶轮进口处对气流方向的要求，将压力位能和热能转变为动能，总压力下降，温度不变。工作叶轮的工作叶片间的通道是收敛型的，燃气流过工作叶轮叶片通道时，相对速度增大，方向改变，压力降低，温度降低，推动工作叶轮高速旋转，向外输出功，使绝对速度减小，将热能转变为机械能，总压力、温度都下降。

◆ 尾喷管　尾喷管属于涡轮喷气系统的排气系统的一部分。其主要作用是使从涡轮流出的燃气膨胀加速，将燃气部分的焓变成动能，提高燃气的速度，使燃气高速排出，产生较大的推力；通过调节喷管临界截面积改变气流在涡轮和尾喷管中膨胀比的分配，进而改变发动机的状态并使推力换向；消声装置有助于减少噪声和红外辐射。

根据出口气流喷射速度的不同，尾喷管分为亚声速喷管和超声速喷管两类。亚声速喷管为收敛型喷管，超声速喷管为收敛 - 扩张型喷管，如图 3-37 所示。无人机多采用收敛型尾喷管。收敛型尾喷管结构简单、重量轻，在可用膨胀比喷管进口截面的总压与外界大气压力的比值小于 5.0 的范围，具有较好的性能。

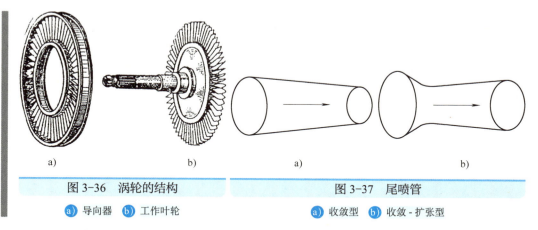

图 3-36　涡轮的结构
a) 导向器　b) 工作叶轮

图 3-37　尾喷管
a) 收敛型　b) 收敛 - 扩张型

2. 工作原理

涡轮喷气发动机的工作同样要经过进气、压缩、做功、排气四个行程。与活塞发动机不同的是，涡轮喷气发动机的四个行程是同时进行的。

1）进气行程，通过进气道吸入大量新鲜空气。这一过程并不是简单地开个进气道即可，由于飞行速度是变化的，而压气机对进气速度有严格要求，因而进气道必需可以将进气速度控制在合理的范围内。

2）压缩行程，通过压气机提高吸入的空气的压力。在压缩行程中，叶片转动对气流做功，使气流的压力、温度升高，为下一步燃烧奠定能量基础。

3）做功行程，大量高压空气流进入燃烧室，随后喷油器喷射雾化良好的燃油，与空气充分混合后点火，燃烧产生高温、高压燃气，并向后排出。高温、高压燃气向后流过高温涡轮，部分内能在涡轮中膨胀，转化为机械能，驱动涡轮旋转。由于高温涡轮与压气机装在同一根轴上，因此高温、高压燃气也驱动压气机旋转，从而持续地进行压缩行程。

4）排气行程，从高温涡轮中流出的高温、高压燃气，在尾喷管中继续膨胀，以高速从尾部喷口向后排出。这一速度比气流进入发动机的速度大得多，从而产生了对发动机的反作用推力，推动飞机向前飞行。

3. 转子支承方案

在涡轮喷气发动机中，发动机转子（压气机、涡轮）通过支承结构支承在发动机的机匣上，转子承受的各种负荷（如气体轴向力、重力、惯性力及惯性力矩等）由支承结构承受并传至发动机机匣上，最后由机匣通过安装节传至无人机构件中。

在发动机中，转子采用的几个支承结构（支点）安排在何处，称为转子支承方案。常用的支承方案有四点式、三点式和两点式，如图3-38～图3-40所示。在研究转子支承方案时，均将复杂的转子简化成能表征其特点的简图，在简图中小圆圈表示球轴承，小方块表示滚子轴承。四点式支承方案具体代号表示为1-3-0（图3-38），其中两条短横线分别表示压气机转子和涡轮转子，数字表示支承点数目，所以1-3-0代表压气机转子前有一个支承点，涡轮转子后无支承点，压气机与涡轮转子间有三个支承点，整个转子共支承于四个支承点上。

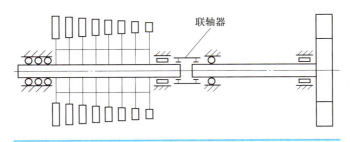

图3-38　1-3-0四点式支承方案

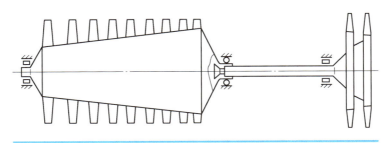

图3-39　1-2-0三点式支承方案

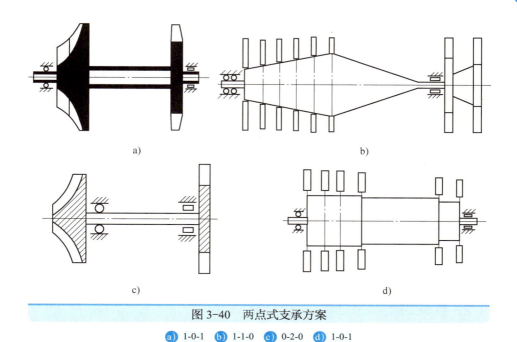

图 3-40 两点式支承方案

a) 1-0-1　　b) 1-1-0　　c) 0-2-0　　d) 1-0-1

在 1-3-0 这种支承方案中，涡轮转子和压气机转子间的联轴器仅传递转矩，考虑到两个转子的四个支承点很难保证同心，因此采用了浮动套齿结构的联轴器。

4. 性能参数

◆ 有效推力　有效推力指涡轮喷气发动机提供推进无人机向前运动的力，其大小等于流经发动机内、外的气流对发动机各部件表面的轴向合力，用 F_{eff} 表示，单位为 N。

◆ 单位推力（单位功率）　单位推力是每秒通过发动机的每千克介质产生的推力，用 F_S 表示，单位为 N·s/kg，其计算式为

$$F_S = \frac{F}{q_m} \tag{3-1}$$

式中　F——推力（N）；

　　　q_m——质量流量（kg/s）。

◆ 单位燃油消耗率　单位燃油消耗率是发动机每工作 1h 产生 1N 推力所消耗的燃油量，用 sfc 表示，单位是 kg/(N·h)，其计算式为

$$sfc = \frac{3600 f_a}{F_S} \tag{3-2}$$

式中　f_a——油气比（kg/h）；

　　　F_S——单位推力（N）。

◆ 推重比　推重比是指发动机产生的推力与发动机重力的比值。推重比是进行无人机气动设计、结构设计和材料选择的总指标，对无人机的主要飞行性能有很大的影响。

◆ 功重比　功重比是指发动机轴功率或当量功率与发动机重量的比值，是用于评定涡轮轴和涡轮螺旋桨发动机的重要性能指标。功重比越大，发动机越轻巧。

◆ 热效率 η_{th}　热效率反映了燃料化学能的利用程度，用来评价发动机用来做热机的经济性，是发动机机械能与燃料化学能之比，即

$$\eta_{th} = \frac{L_e}{q_0} \qquad (3-3)$$

式中　q_0——对 1kg 介质加热量；

L_e——发动机机械能。

◆ 推进效率 η_p　推进效率是指单位时间内每千克介质对飞行器所做的推进功 N_p 与涡轮喷气发动机机械能 L_e 的比值，用符号 η_p 表示，且有 $0 \leqslant \eta_p < 1$。

◆ 总效率 η_0　总效率是热效率与推进效率的乘积，即 $\eta_0 = \eta_{th} \eta_p$，一般为 0.2～0.3。

3.4.2　涡轮螺旋桨发动机

为改善涡轮喷气发动机的推进效率，匈牙利工程师雅各·简德拉斯克在惠特尔的研究基础上，大胆地提出了新的发动机概念——涡轮螺旋桨发动机。其改进思路是在涡轮喷气发动机飞行速度一定时，通过加装螺旋桨增大发动机的气流量，来有效地提高其推进效率。在此思路基础上，世界上第一种涡轮螺旋桨发动机 CS-1 于 1937 年诞生。

1. 涡轮螺旋桨发动机的结构特点及分类

涡轮螺旋桨发动机除了具有涡轮喷气发动机的五大基本结构外，还包括螺旋桨和减速器两个部分，如图 3-41 所示。

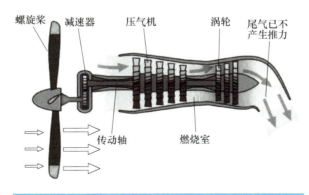

图 3-41　涡轮螺旋桨发动机的结构

螺旋桨安装在最前面，可增大迎风面积，提高发动机气流量。螺旋桨由涡轮驱动，但由于螺旋桨直径较大，转速远低于涡轮的转速，所以在其中间加装一台减速器，使涡轮的转速降低后再驱动螺旋桨旋转。减速器可以装在发动机内，也可装在发动机外，成为独立的机外减速器。减速器由齿轮、齿轮架、轴、轴承和机匣等组成。航空发动机所用的减速

器必须结构紧凑、重量轻且在高转速、高负荷下能够长期可靠工作。它在运转中要求工作平稳、噪声低、齿轮啮合均匀，避免与其他零件发生高频谐振。涡轮螺旋桨发动机常用的减速器形式是行星式、差动式和复合式。

涡轮螺旋桨发动机按其传动系统不同分为三种类型，单轴式、自由涡轮双轴式和双轴式，如图 3-42 所示。

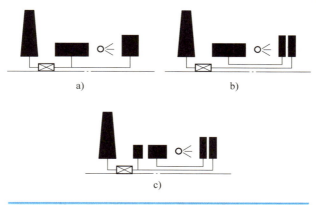

图 3-42　不同类型的涡轮螺旋桨发动机
a) 单轴式　b) 自由涡轮双轴式　c) 双轴式

◆ **单轴式涡轮螺旋桨发动机**　单轴式涡轮螺旋桨发动机的压气机和螺旋桨用一根轴带动，即动力涡轮与驱动压气机的涡轮装在同一轴上。它的结构简单，但在起动过程中和转速较慢时燃气的温度较高，小功率时耗油率较高。

◆ **自由涡轮双轴式涡轮螺旋桨发动机**　自由涡轮双轴式涡轮螺旋桨发动机由一个涡轮带动压气机，一个涡轮带动螺旋桨。采用两个单独的涡轮会使发动机构造复杂，但可以分别调节压气机和螺旋桨的转速。

◆ **双轴式涡轮螺旋桨发动机**　双轴式涡轮螺旋桨发动机由一根涡轮轴带动部分级压气机，第二根涡轮轴带动其余级压气机和螺旋桨。这种涡轮螺旋桨发动机比单轴式涡轮螺旋桨发动机的起动性能和工作性能好，小功率时耗油率低，但结构较复杂。

目前常用的是自由涡轮双轴式涡轮螺旋桨发动机，这类发动机主要作为燃气发生器起作用，来驱动在发动机排气流中自由旋转的涡轮，涡轮再通过减速器带动螺旋桨。

2. 涡轮螺旋桨发动机的工作过程及特点

涡轮螺旋桨发动机的工作过程基本与涡轮喷气发动机一致，但稍有不同。空气通过进气道进入发动机，压气机将空气压缩，高压空气进入燃烧室和燃油混合燃烧，将化学能转变为热能，形成高温、高压燃气，高温、高压燃气在涡轮内膨胀，推动涡轮旋转，带动压力机和螺旋桨转动，同时大量空气流过螺旋桨，使其转速增加，使螺旋桨产生很大的升力。

涡轮输出的功率大于压气机所消耗的功率，余下部分传给螺旋桨。涡轮螺旋桨发动机的总推力由两部分组成，其中螺旋桨产生的拉力占85%～90%；喷气产生的反作用推力占10%～15%。与涡轮喷气发动机相比，螺旋桨是使大量的空气产生相对小的加速度，从而产生拉力；涡轮喷气发动机是使较小量的空气产生相对大的加速度，从而产生推力。

3. 涡轮螺旋桨发动机的工作特性

◆ 性能参数　涡轮发动机的主要性能参数是功率和耗油率。其表示方法如下：

1）用 P_{pr} 表示螺旋桨轴功率，单位为 kW。

2）用当量功率 P_e 以及按当量功率计算的耗油率 sfc_e 表示。

当量功率的定义是：假设涡轮螺旋桨发动机的全部推进功率都是由螺旋桨产生的，相当于产生全部推进功率的螺旋桨功率称为当量功率，用 P_e 表示。

◆ 工作特性

1）速度特性。研究速度特性时，给定飞行高度，并假定调节规律为螺旋桨转速 $n=n_{max}=$ 常数、涡轮前燃气温度 $T_4^*=T_{4\,max}^*=$ 常数。

图 3-43 所示为涡轮螺旋桨发动机的速度特性曲线。从图中可以看出，随着飞行速度的增加，当量功率 P_e 增大，单位燃油消耗率 sfc 降低。这是因为随着飞行速度的增加，冲压比增大，发动机的总增压比增大，气流在涡轮中的总膨胀比也增大，在 T_4^* 不变的条件下，涡轮的膨胀功加大，传给螺旋桨轴的功也加大。同时，流过发动机的空气流量也是加大的。因此，螺旋桨轴功率随飞行速度的增加而加大。

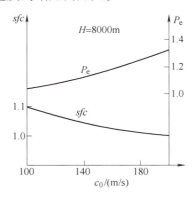

图 3-43　涡轮螺旋桨发动机的速度特性曲线

随着飞行速度的增大，尾喷管出口气流喷射速度也加大，但比飞行速度增加得慢，速度差是减小的，排气推力随着飞行速度的增大而减小。因此，随着飞行速度的增大，当量功率 P_e 比螺旋桨轴功率 P_{pr} 增加得慢。

随着飞行速度的增大，压气机出口温度 T_3^* 增大，在 $T_4^*=$ 常数的条件下，$T_4^*-T_3^*$ 减小，油气比将减小。由此可见，单位燃油消耗率 sfc 是减小的。但是这并不意味着飞行速度越大，采用涡轮螺旋桨发动机越有利。根据螺旋桨轴功率和螺旋桨拉力之间的关系

$$\eta_{pr} P_{pr} = F_P c_0 \tag{3-4}$$

可以看出，随着飞行速度 c_0 的增大，η_{Pr} 下降，螺旋桨拉力将迅速下降。

2) 油门特性。目前常用的使用单轴式燃气发生器的分轴式涡轮螺旋桨发动机的油门特性如图 3-44 所示。从图可以看出，随着油门开度减小，燃气发生器转速下降，发动机功率迅速下降，单位燃油消耗率急剧上升。

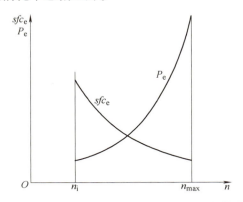

图 3-44 涡轮螺旋桨发动机的油门特性（单轴式）

3.4.3 涡轮风扇发动机

涡轮喷气发动机当然不是完美的，它的主要问题是燃料效率低，耗油量大，喷出的气体仍然是炙热的，也就是说燃料燃烧产生的热能中有很大一部分仍然残留在喷出的气体中而没有转化成无人机的动能。也可以理解为，在单位燃油消耗率不变的前提下，仍然有潜力大幅提高涡轮喷气发动机的推力。涡轮风扇发动机就是为了顺应人们对航空发动机越来越高的推力要求而诞生的。因为提高喷气发动机的推力最简单的办法就是提高发动机的空气流量。

英国劳斯莱斯公司在 1959 年推出世界上第一种涡轮风扇发动机"康维"，从 20 世纪 70 年代逐渐流行至今。

1. 涡轮风扇发动机的结构特点

涡轮风扇发动机由风扇、低压压气机（高涵比涡扇特有）、高压压气机、燃烧室、驱动压气机的高压涡轮、驱动风扇的低压涡轮和排气系统组成，如图 3-45 所示。其中高压压气机、燃烧室和高压涡轮三部分统称为核心机，由核心机排出的燃气中的可用能量，一部分传给低压涡轮用以驱动风扇，另一部分在喷管中用于加速排出的燃气。

风扇是涡轮螺旋桨发动机的螺旋桨的改进与提升，即在增加桨叶数目的同时缩短螺旋桨的直径，将所有桨叶的叶片都包含在机匣内。发动机起动工作时，风扇吸入大量的空气，并且对空气压缩增压。

涡轮风扇发动机按照排气方式可分为分开排气和混合排气涡轮风扇发动机，二者在结构上有一定的区别，如图 3-46 所示。

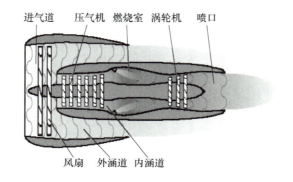

涡轮风扇发动机

图 3-45 涡轮风扇发动机的组成

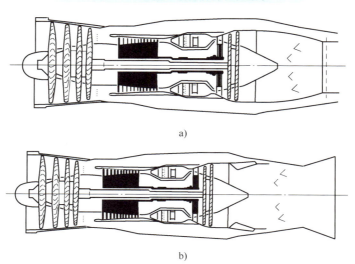

图 3-46 分开排气与混合排气涡轮风扇发动机
a) 分开排气涡轮风扇发动机 b) 混合排气涡轮风扇发动机

根据图 3-46 可以清晰地看出，在不同涡扇发动机中，气流的流通路径不同：

◆ 分开排气涡轮风扇发动机

进气道进气→风扇增压 {
- 内涵气流→压气机增压→燃烧室加热→涡轮膨胀做功带动风扇和压气机→内涵尾喷管膨胀加速→排气到体外
- 外涵气流→外涵道→外涵尾喷管膨胀加速→排气到体外
}

◆ 混合排气涡轮风扇发动机

进气道进气→风扇增压 {
- 内涵气流→压气机增压→燃烧室加热→涡轮膨胀做功带动风扇和压气机→混合器
- 外涵道气流→外涵道→混合器
}
排气到体外←尾喷管膨胀加速←两股气流在混合器中混合

2. 工作原理

涡轮风扇发动机其实就是在涡轮喷气发动机的前方又加了一个巨大的"风车",称为风扇。风扇的直径比压气机、燃烧室和涡轮都大,多出来的部分形成了一个新的、不经过压气机燃烧室和涡轮的空气流路,称为"外涵道",而经过压气机燃烧室和涡轮的空气流路就成了"内涵道"。

风扇和压气机一样,都是由发动机后部的一组涡轮驱动的。外涵流量与内涵流量的比值称为涵道比,用 B 表示。

涡轮风扇发动机工作时,空气从内、外两路流过发动机,即外界空气通过进气道,由高速旋转的风扇叶片做功进行压缩,而后分为两路:

1) 内涵道的工作情形与涡轮喷气发动机相同,即空气通过低压压气机和高压压气机的压缩,提高了压力,高压空气在燃烧室内与燃油混合燃烧,形成高温高压的燃气,高温高压的燃气首先在高压涡轮内膨胀,输出功去带动高压压气机;然后在低压涡轮内膨胀,输出功去带动低压压气机和风扇;最后通过喷管排入大气,产生一定的推力。

2) 流过外涵道的空气接着就膨胀并排入大气,也产生反作用推力。

总推力由两部分组成,一是内涵道中产生的推力 F_1,二是外涵道中产生的推力 F_2。

在涡轮风扇发动机中,外涵道中产生的推力与总推力之比与涵道比有关。涵道比越大,外涵道中产生的推力占总推力的比例越大,即

$$\frac{F_2}{F} = \frac{B}{B+1} \tag{3-5}$$

对于涵道比为 4 的涡轮风扇发动机,外涵道中所产生的推力约占总推力的 80%。

3. 涡轮风扇发动机的工作特点

◆ 推进效率高　发动机的推进效率取决于喷气速度和飞行速度的比值。这个比值越大,发动机的推进效率越低;这个比值越小,发动机的推进效率越高。在飞行速度相同的情况下,涡轮风扇发动机的推进效率大于涡轮喷气发动机的推进效率。涵道比越大,排气速度越慢,则推进效率越高,推力越大。

◆ 噪声低　噪声的强度与喷气速度的 8 次方成正比。

◆ 燃油消耗率低　在一定飞行马赫数范围内,燃油消耗率低。

◆ 阻力大,结构复杂　风扇直径大,迎风面积大,因而阻力大。与涡轮喷气发动机相比,其组成部分更多,结构更复杂。

4. 涡轮风扇发动机的特性

◆ 转速特性　在飞行速度和飞行高度保持不变的条件下,涡轮风扇发动机的推力和燃油消耗率随发动机转速的变化规律叫作涡轮风扇发动机的转速特性。

1) 涵道比随转速的增大而减小。通过内涵道的空气流量与高压压气机出口空气的总压成正比,而通过外涵道的空气流量与风扇出口空气的总压成正比,所以外涵道的空气流

量只随风扇的增压比的增大而增大，流量增加得少一些，而内涵道的空气流量不仅随风扇的增压比的增大而增大，还随低压压气机和高压压气机增压比的增大而增大，因而，流量增加得多一些。

2）推力随转速的增加而增大。转速增加时，高、低压压气机的增压比都增大，内涵道流量一直增加，由于压气机增压比的增大，使内、外涵道的喷气速度不断增大，单位推力也一直增大，这两个因素都会使推力增大。如前所述，涵道比是随转速的增大而减小的，这一因素会使推力减小，但空气流量和单位推力的增加起主导作用，所以推力一直是增大的。不过，在接近最大转速时，受涵道比减小的影响，推力增加得比较缓慢。

3）从慢转速到中转速范围内，燃油消耗率随转速的增大而减小，而且减小得较快。在高转速范围内，燃油消耗率随转速的增大而增大。

◆ 速度特性　在发动机转速和飞行高度保持不变的条件下，涡轮风扇发动机的推力和燃油消耗率随飞行速度的变化规律叫作涡轮风扇发动机的速度特性。

1）涵道比随飞行速度增大而增大，单位推力随飞行速度增大而减小。

2）燃油消耗率随飞行速度增大而增大。

◆ 高度特性　在飞行速度和发动机转速保持不变的条件下，涡轮风扇发动机的推力和燃油消耗率随飞行高度的变化规律叫作涡轮风扇发动机的高度特性。

1）随飞行高度的增加，推力一直减小。飞行高度增加时，空气密度减小，发动机内的空气流量一直减小。在11000m以下，飞行高度增加时，大气温度降低，风扇增压比和内涵道压气机增压比增加，使单位推力增大，涵道比减小；在11000m以上，大气温度保持不变，单位推力和涵道比保持不变，在上述影响推力的三个因素中，空气流量一直占主导地位。

2）燃油消耗率随飞行高度的变化规律：在11000m以下时，主要取决于是单位推力的增大，还是涵道比的减小起主导作用；在11000m以上时，由于随着高度的增加，大气温度保持不变，所以单位推力和涵道比均保持不变，燃油消耗率也保持不变。

3.4.4　涡轮轴发动机

1951年12月，涡轮轴发动机首次装在直升机上试飞成功。这种发动机主要用于无人直升机，兼有喷气发动机和螺旋桨发动机的特点，故曾一度把涡轮轴发动机划入涡轮螺旋桨发动机，可见其结构及特点有很大的相同之处。随着科技的发展，涡轮轴发动机逐步发展成为涡轮发动机中的一个类型。

1. 涡轮轴发动机的结构特点

涡轮轴发动机由进气装置、压气机、燃烧室、燃气发生器涡轮、动力涡轮（自由涡轮）、排气装置和体内减速器、附件传动装置等构成，如图3-47所示。由于各类涡轮发动机的结构和特点有很多共同之处，这里仅对涡轮轴发动机中与其他类型涡轮发动机差异较大的部件予以说明。

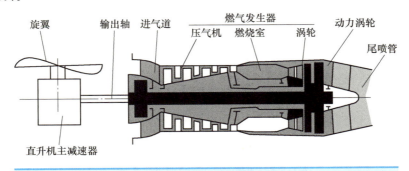

图 3-47　涡轮轴发动机的组成

◆ **进气装置**　当无人直升机在多沙地带或沙漠地域工作时,旋翼将大部分空气吹向下方,会将地面的沙石吹起来,飞扬起来的沙石可能会随空气进入发动机,这将影响发动机的工作寿命和工作性能。一方面沙石进入发动机会增加压气机工作叶片的磨耗,另一方面可能会堵塞冷却通道,使涡轮工作叶片的温度升高。所以根据不同的工作环境,一般在进气通道内加装滤网或粒子分离装置。

图 3-48 所示为典型的粒子分离器。它装在发动机进气道的前端,进入发动机的空气首先在进口旋流片的作用下向后流,再经出口旋流片的作用回旋流出。气流回旋产生的离心力,将空气中的沙尘甩向边缘,随部分空气(10% 左右)被吹出机外。采用带粒子分离器的进气道,会使涡轮轴发动机的功率损失 2%～4%。

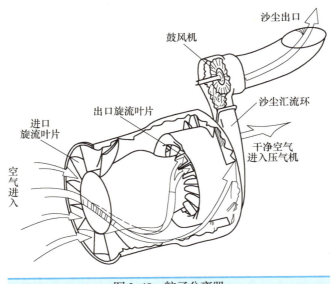

图 3-48　粒子分离器

◆ **燃烧室**　在涡轮轴发动机中,由于进入发动机的空气流量小,且压气机采用轴流式加离心式的组合式压气机或双级离心式压气机的较多,因此广泛采用回流式燃烧室及折流式燃烧室,如图 3-49 和图 3-50 所示,因为这两种燃烧室均能较好地与离心式压气机匹配。在一些小功率的涡轮螺旋桨发动机中，也有采用这两种燃烧室的。

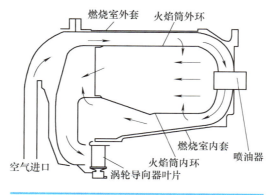

图 3-49　回流式燃烧室

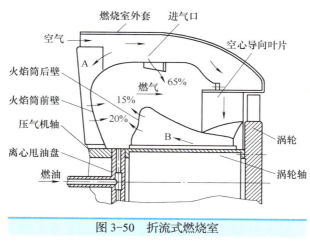

图 3-50　折流式燃烧室

A、B—气流方向

1）回流式燃烧室。在回流式燃烧室中，火焰筒的头部置于燃烧室后端，由压气机出来的空气先流到燃烧室后端进入火焰筒头部，燃油也通过喷油器喷入火焰筒头部，空气与燃油混合气在火焰筒头部点燃后，燃气沿火焰筒向前流动，在向前流动的过程中，两股空气由火焰筒中部的若干小孔流入，与燃气掺混，从而降低燃气温度。

最后，燃气流动到燃烧室头部即向内、向后折转180°向后流出，流入燃气发生器涡轮的导向器。由于在燃烧室中，气体（空气）先是向后流动，然后燃气向前流动，最后又折向后流，因此称这种燃烧室为回流式燃烧室。

这种燃烧室非常适合与离心式压气机配合使用，因为离心式压气机出口直径很大，而燃气涡轮发动机涡轮直径小很多，这样，在压气机出口与涡轮外径间有较大的径向空间可以放下回流式燃烧室。

在这种设计中，涡轮与离心式压气机之间的距离很小，连接二者的涡轮轴可做得很短，整个压气机－涡轮转子很短，刚性很好，可使发动机长度缩短，当然发动机重量也会轻些。

另外，支承压气机-涡轮转子的两个轴承轴向距离很短，转子动力学上的问题比较容易解决。但是气流在燃烧室中折转多，显然会增加流动损失，因而燃烧室效率要受到一些影响。

2）折流式燃烧室。图3-50所示为折流式燃烧室的工作原理图。空气由离心压气机轴向扩压器流入燃烧室后分成两路：一路向内折，由火焰筒外壳前壁与压气机径向扩压器后壁间的内流，然后向后折转，通过火焰筒前进气锥上的搓板式进气缝隙进入火焰筒内，与甩油盘甩来的燃油混合，被点燃后构成主燃烧区；另一路空气沿火焰筒和机匣之间的环形通道向后流，它又分成两股，一股向内流过涡轮导向器叶片的空心内腔后折向前，由火焰筒内壳体前锥体上的搓板孔进入火焰筒内部，也与甩油盘甩出的燃油混合燃烧，另一股空气则由掺混孔进入，与燃烧的燃气掺混，降低燃气的温度，以使燃烧室的出口温度达到涡轮的要求。进入主燃区的空气占总空气量的25%～30%，另一部分空气则占总空气量的70%～75%。

与折流式燃烧室配套的是离心甩油盘供油装置，当燃油通过供油管到达固定于转轴上的油盘槽道中时，在高速旋转的甩油盘的离心力作用下，沿着径向斜孔被甩进燃烧室，随之雾化并与空气混合，开始燃烧。

该喷油装置构造简单，对供油压力没有严格要求，能按需要在发动机的任何功率下保证供给足够的燃油，因而能在很高的高空中很好地工作。另外，这种供油装置的结构简单，加工要求相对低一些，重量轻，且易于维护。

◆ 自由涡轮　大多数涡轮轴发动机是自由涡轮式的。所谓自由涡轮，是指它和核心机转子无任何机械联系，只有气动上的联系。现代自由涡轮式涡轮轴发动机的动力涡轮（自由涡轮）一般为一级或二级轴流式。

核心机的高温燃气首先流过驱动压气机的高压涡轮（燃气发生器涡轮），然后流过动力涡轮，通过动力涡轮轴将轴功率传输给减速器，进而驱动直升机旋翼。

自由涡轮式涡轮轴发动机的动力涡轮转速比燃气发生器转子转速低得多，通过体内减速器的输出转速多为6000～8000r/min。

◆ 排气装置　排气装置用以排出燃气。涡轮轴发动机的排气装置与涡轮喷气发动机和涡轮风扇发动机有着明显的不同。它为了使动力涡轮输出更多的轴功率，希望排气速度越低越好。这样动力涡轮的落压比可以取得更高，输出的功率则更大。因此其排气装置的通道大多做成喇叭状的扩散形结构，以便于最大限度地进行排气扩压。

◆ 减速器　由于直升机旋翼的直径比涡轮螺旋桨发动机螺旋桨的直径要大得多，所以直升机旋翼的转速是很低的，一般为100～200r/min，而动力涡轮转速往往在10000～30000r/min。这样大的减速比，又要传递很大的功率。所以在设计中将减速器分为两个部分，一部分在发动机内部，称为体内减速器，另一部分放在直升机上，称为体外减速器。

若一架直升机装有多台涡轮轴发动机,则可以共用一个体外减速器。体外减速器又称直升机主减速器。对于减速器,除了要求工作可靠外,还要求重量轻、机械效率高。

一定的功率在传递的过程中,轴转矩的大小与转速有关,即

$$M = \frac{30P}{\pi n} \quad (3-6)$$

式中　M——轴转矩(N·m);
　　　P——传递的功率(W);
　　　n——转速(r/min)。

从式(3-6)可以看出,传递的功率一定时,转矩与转速成反比。减速器齿轮的转速逐级减小而转矩则逐级加大,所以轴的直径逐级加粗,齿轮的尺寸逐级加大、加宽,减速器的重量就十分可观了。一般来说,发动机的体内减速器约占发动机重量的20%左右,主减速器的重量略低于发动机的重量。如果把体内减速器和主减速器加在一起,其重量与发动机重量相当。所以减轻减速器的重量是十分必要的。

2. 工作原理

涡轮轴发动机的工作原理与涡轮螺旋桨发动机相同,只是核心机出口后,燃气的可用能量几乎全部转变成动力涡轮的轴功率,用以通过减速器带动直升机的旋翼和尾桨,因而燃气不提供推力。动力涡轮的输出轴可以由发动机前部伸出,也可以由后部伸出。

受直升机的旋翼和尾桨转速不能太大的限制,动力涡轮必须通过减速器才能带动旋翼和尾桨。涡轮轴发动机不能用于其他航空器。涡轮轴发动机与活塞发动机相比较,具有功率大、功率重量比大、体积较小的优点,因此涡轮轴直升机装载量、航程、升限、速度都比活塞直升机大,经济性也更好。此外,由于涡轮轴发动机的运动部件较少,工作又是连续进行的,所以振动也比活塞式发动机小。其缺点是构造较复杂,而且制造困难,成本也高,减速器系统又大大增加了重量。

思考题

1. 发动机在工作过程中完成了哪种能量转换?根据能量来源,可将其分为哪几类?
2. 间接反作用力发动机主要包括哪几类发动机?
3. 发动机的设计要求包括哪些?
4. 无刷电动机主要由哪些部件组成?其作用是什么?
5. 空心杯电动机与无刷电动机的主要区别是什么?
6. 燃油发动机包括哪些子系统?其各个子系统的作用分别是什么?
7. 燃油子系统由哪些部件组成?每个部件可实现哪种功能?

8. 滑油子系统的组成及其作用分别是什么？
9. 传动子系统的组成及其作用分别是什么？
10. 比较直流有刷电动机和无刷电动机的异同点，并分析其各自优缺点。
11. 简述直流有刷电动机的工作原理。
12. 简述直流无刷电动机的工作原理。
13. 根据空心杯电动机的结构，分析其工作原理。
14. 简述电动机的不同调速方式。
15. 活塞发动机根据不同的分类方式，可以分为哪些类型？
16. 活塞发动机主要由哪些部件组成？其作用分别是什么？
17. 简述活塞发动机的工作原理。
18. 活塞发动机工作中的特殊角度有哪些？为什么要设置这些角度？
19. 点火提前角过大或过小容易造成哪些危害？
20. 比较活塞发动机和旋转式发动机工作原理的异同。
21. 活塞发动机各气缸做功顺序由什么决定？
22. 若滑油进入燃烧室燃烧，会引起哪些问题？活塞胀圈的作用是什么？
23. 排气门为什么要早开和迟闭？
24. 旋转式活塞发动机的优缺点是什么？
25. 请比较涡轮发动机与活塞发动机的异同点。
26. 涡轮发动机主要有哪些类别？其核心部件是什么？
27. 涡轮喷气发动机主要由哪些部件组成？其功能分别是什么？
28. 燃烧室主要组成部件由哪些？其作用分别是什么？
29. 简述涡轮喷气发动机的工作原理。
30. 比较四种涡轮发动机在结构组成上的异同点。

考证训练

1. 多旋翼无人机动力系统主要使用（　　）。
   A. 外转子无刷电动机　　　　　　　　B. 内转子有刷电动机
   C. 四冲程发动机　　　　　　　　　　D. 喷气发动机
2. 目前主流的民用无人机所采用的动力系统通常为活塞式发动机和（　　）。
   A. 涡轮喷气发动机　　　　　　　　　B. 涡轮风扇发动机
   C. 电动机　　　　　　　　　　　　　D. 涡轮轴发动机
3. 电动动力系统主要由动力电动机、动力电源和（　　）组成。
   A. 电池　　　　B. 调速系统　　　C. 无刷电动机　　　D. 有刷电调
4. 无人机的发动机采用重力供油系统但装有增压泵，主要是为了（　　）。
   A. 减少油箱的剩余燃油
   B. 保证大速度巡航的用油
   C. 保证爬升、下降及其他特殊情况下的正常供油
   D. 确保燃油进入发动机内部

5. 无刷电动机与有刷电动机的区别是（　　）。
    A. 无刷电动机效率较高　　　　　　B. 有刷电动机效率较高
    C. 两类电动机效率差不多　　　　　D. 无刷电动机摩擦较大
6. 无刷电动机输入的是（　　）。
    A. 两相直流电　　B. 三相直流电　　C. 三相交流电　　D. 两相交流电
7. 活塞发动机用的燃料为（　　）。
    A. 航空煤油　　　　　　　　　　　B. 航空汽油
    C. 航空柴油　　　　　　　　　　　D. 航空煤油和空气的混合气体
8. 在活塞式发动机的工作过程中，内能转化为机械能发生在（　　）。
    A. 进气行程　　B. 排气行程　　C. 压缩行程　　D. 膨胀行程
9. 活塞发动机系统常采用的增压技术主要用来（　　）。
    A. 提高功率　　B. 减少废气量　　C. 提高转速　　D. 增加进气量
10. 活塞发动机混合气过富油燃烧将引起（　　）。
    A. 发动机过热　　　　　　　　　　B. 电嘴积炭
    C. 发动机工作平稳，但燃油消耗量变大
    D. 发动机工作不平稳
11. 发动机火花塞出问题会导致发动机（　　）。
    A. 无法起动　　　　　　　　　　　B. 突然熄火
    C. 无法点火　　　　　　　　　　　D. 以上都有可能
12. 涡轮喷气发动机能够产生机械能的部件是（　　）。
    A. 进气道　　B. 压气机　　C. 涡轮　　D. 燃烧室
13. 涡轮喷气发动机中的燃气经过涡轮后（　　）。
    A. 压力增大　　B. 温度升高　　C. 速度增大　　D. 速度降低
14. 下列关于涡轮螺旋桨发动机的说法，正确的是（　　）。
    A. 涡轮只带动螺旋桨转动
    B. 涡轮带动螺旋桨转动，产生拉力
    C. 螺旋桨的转速比涡轮高得多
    D. 螺旋桨产生的拉力占总推力的一小部分
15. 螺旋桨式无人机不适合于高速飞行的主要原因是（　　）。
    A. 螺旋桨刚度不够　　　　　　　　B. 螺旋桨强度不够
    C. 飞行阻力太大　　　　　　　　　D. 桨尖产生局部激波
16. 涡轮风扇发动机的风扇是由（　　）带动的。
    A. 高压涡轮　　B. 低压涡轮　　C. 电动机　　D. 气流吹动
17. 从应用上说，涡轮螺旋桨发动机适用于（　　）。
    A. 中低空低速短距/垂直起降无人机
    B. 高空长航时无人机/无人战斗机
    C. 中高空长航时无人机
    D. 中低空长航时无人机

第 4 章 无人机航电系统

学习导引

无人机航电系统是无人机系统的重要组成部分，主要由飞行控制系统和导航系统组成。本章主要介绍飞行控制系统和导航系统的种类、组成、原理和性能参数等。

学习目标

1. 了解飞行控制系统；
2. 掌握飞行控制系统的组成、类型及工作原理；
3. 了解飞控板的种类和特点；
4. 了解无人机常用传感器的工作原理；
5. 掌握无人机常用传感器的种类及作用；
6. 了解导航系统的种类和现有导航系统的优缺点；
7. 了解惯性导航系统的定义、种类和工作原理；
8. 掌握捷联式惯性导航系统与平台式惯性导航系统在结构和特点上的主要区别；
9. 掌握全球卫星导航系统的种类、组成及原理；
10. 掌握多卫星组合导航系统及惯性与卫星组合导航系统的典型产品；
11. 了解舵机及其性能参数和工作原理；
12. 掌握舵机的作用及结构。

4.1 飞行控制系统概述

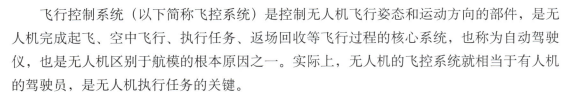

飞行控制系统（以下简称飞控系统）是控制无人机飞行姿态和运动方向的部件，是无人机完成起飞、空中飞行、执行任务、返场回收等飞行过程的核心系统，也称为自动驾驶仪，也是无人机区别于航模的根本原因之一。实际上，无人机的飞控系统就相当于有人机的驾驶员，是无人机执行任务的关键。

1914年，美国人斯派雷制成了电动陀螺稳定装置，这就是飞控系统的雏形。20世纪30年代，开始使用三轴稳定的飞控系统，用于保持无人机平直飞行。20世纪50年代，通过在飞控系统中引入角速率信号制成阻尼器或增稳系统，改善了无人机的稳定性。20世纪50年代后期，又出现自适应飞控系统，能随无人机特性的变化而改变自身的结构和参数。

20世纪60年代末，数字式飞控系统在阿波罗飞船中得到应用。飞控系统种类很多，可按能源形式、使用对象、调节规律等分类。现代飞控系统的趋势是向数字化和智能化方向发展，已广泛应用于无人机，而且一般都是数字式飞控系统。

飞控系统的基本功能如下：

1. 导航

解决无人机"在哪儿"的问题。飞控系统要做的首要事情是充分发挥各种传感器的功能，经综合分析判断得到准确的位置和姿态信息。

2. 控制

解决无人机"怎么飞"的问题。飞控系统在上述准确的位置和姿态信息基础上，根据任务，通过算法计算出控制量，输出给电调，进而控制电动机转速，实现姿态控制。

3. 决策

解决无人机"去哪儿"的问题。飞行操控人员或者地面站操控无人机进行飞行，进而实现航迹控制。

固定翼无人机飞行的控制通常包括方向、副翼、升降、油门、襟翼等控制面，通过舵机改变飞机的翼面，产生相应的转矩，控制飞机转弯、爬升、俯冲、横滚等动作。电影《星际穿越》中库珀发现一架飞了十年的无人机，并成功地利用了计算机"接管"了无人机的飞控系统，实现了对其的控制。传统无人直升机通过控制直升机的倾斜盘、油门、尾翼等，控制无人直升机的转弯、爬升、俯冲、横滚等动作。多旋翼无人机一般通过电调控制各轴桨叶的转速来控制无人机的姿态，以实现转弯、爬升、俯冲、横滚等动作。

4.1.1 飞控系统的组成

飞控系统一般由传感器、机载计算机和执行机构三大部分组成，如图4-1所示。当某种干扰使无人机偏离原有姿态时，传感器检测出姿态的变化，机载计算机算出需要的修正偏量，执行机构将控制面操纵到所需位置。

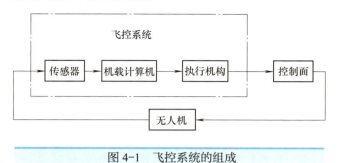

图4-1 飞控系统的组成

1. 传感器

无人机飞控系统常用的传感器包括陀螺仪、加速度计、磁力计、气压计、超声波传感器及GPS模块等。这些传感器构成无人机飞控系统的设计基础。

◆ 惯性测量单元（IMU） 包括加速度计、陀螺仪和磁力计，主要得到无人机的姿态信息。常用的惯性测量单元有6轴、9轴和10轴3种，6轴惯性测量单元包含3轴加速度计和 3 轴陀螺仪，9 轴惯性测量单元包含 3 轴加速度计、3 轴陀螺仪和 3 轴磁力计，而 10 轴惯性测量单元则是在 9 轴惯性测量单元的基础上加上气压计构成的。

◆ **高度测量单元** 包括气压计和超声波传感器。气压计测量得到绝对高度信息，而超声波传感器测量得到相对高度信息，可实现悬停高度控制或避障。

◆ **全球定位系统（GPS 模块）** 得到无人机的位置信息。

2. 机载计算机

机载计算机是飞控系统的核心部件，是算法计算平台，由硬件和软件组成。

硬件也就是电路板，由主处理控制器 [常用的有通用型处理器（MPU）、微处理器（MCU）、数字信号处理器（DSP）] 及可编程门阵列（FPGA）、二次电源（5V、±15V 直流电源等）、模拟量输入/输出接口、离散量接口、通信接口（RS232/RS422/RS485、ARINC429 和 1553B 总线）、余度管理（信息交换电路、同步指示电路、通道故障逻辑综合电路及故障切换电路）、加温电路、检测接口等组成。

软件也就是飞控程序，是一种运行于计算机上的嵌入式实时任务软件，不仅要求功能正确、性能好、效率高，而且要求具有较好的质量保证、可靠性和可维护性。软件中的主要模块有硬件接口驱动模块、传感器数据处理模块、飞行控制律模块、导航与制导律模块、飞行任务管理模块、任务设备管理模块、余度管理模块、数据传输和记录模块、自检测模块等。

3. 执行机构

无人机执行机构都是伺服动作设备，是飞控系统的重要组成部分。其主要功能是根据计算机的指令，按规定的静态和动态要求，通过对无人机各控制面和发动机油门的控制，实现对无人机的飞行控制。执行机构主要包括电调、电动机、舵机等。

4.1.2 飞控系统的类型

飞控系统的分类方法有许多，按能源形式可分为气压式、液压式、电气式或者是这几种形式的组合。按调节规律（指飞控系统输入信号与执行机构的输出量之间的函数关系）可分为比例式和积分式两种基本类型。

1. 比例式

执行机构输出的位置偏移量 $\Delta\delta_e$ 与输入信号 U_{Z0U} 成比例关系的自动控制器称为比例式飞控系统，其控制回路如图 4-2 所示，则有

$$\Delta\delta_e = \frac{1}{K_f} U_{Z0U} \tag{4-1}$$

式中 K_f —— 位置反馈量。

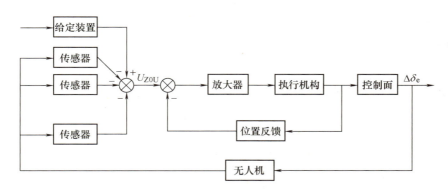

图 4-2 比例式飞控系统的控制回路

以俯仰角通道为例,比例式飞控系统的控制回路如图 4-3 所示。

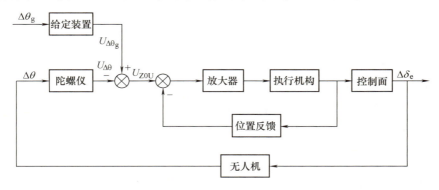

图 4-3 比例式飞控系统控制回路(俯仰角通道)

传感器测量输出电信号为 $U_{\Delta\theta}$,给定装置输出电信号为 $U_{\Delta\theta_g}$,则输入信号

$$U_{Z0U}=U_{\Delta\theta}-U_{\Delta\theta_g} \quad (4-2)$$

设电信号与测量信号之间为线性关系,即

$$U_{\Delta\theta}=L\Delta\theta \quad (4-3)$$

由式(4-1)~式(4-3)可得

$$\Delta\delta_e=L_\theta(\Delta\theta-\Delta\theta_g) \quad (4-4)$$

式中 L_θ——传动比,$L_\theta=L/K_f$;

$\Delta\theta$——无人机俯仰角变化量;

$\Delta\theta_g$——实现无人机操纵状态给定的俯仰角;

L——陀螺仪感受到的单位姿态角变化对应的输出电压值。

由式(4-4)可知,升降舵的舵偏角增量 $\Delta\delta_e$ 与俯仰角偏差($\Delta\theta-\Delta\theta_g$)成正比例关系。因为这种比例关系完全靠控制回路的位置反馈来实现,而位置反馈又称硬反馈,所以比例式飞控系统也称硬反馈式飞控系统。

飞控系统控制无人机有两种工作状态，一种是稳定状态，另一种是操控状态。稳定状态是指稳定给定的基准状态，也就是稳定无人机沿三个轴的角运动，其目的是使无人机的飞行尽量不受外界干扰，这时飞控系统的作用是消除无人机相对于给定基准的偏差。操纵状态是指外加一个控制信号（给定装置输出）去改变无人机原基准状态的运动。依据操纵状态可以自动地控制无人机按照所期望的姿态飞行。

◆ **稳定状态下的工作原理** 假设无人机处于等速水平直线飞行，$\theta_0=0$，$\Delta\theta_g=0$。当无人机受到干扰后，出现俯仰角偏差 $\Delta\theta=\theta-\theta_0>0$，陀螺仪测到这个偏差并输出电信号 $U_{\Delta\theta}=L\Delta\theta>0$，经控制面输出 $\Delta\delta_e=L_\theta\Delta\theta>0$，由控制面向下偏转产生气动力矩使无人机低头，$\theta$ 逐渐减小。适当选择 L_θ 可以使 $\Delta\theta$ 趋于 0，$\Delta\delta_e$ 也趋于 0，无人机恢复原来飞行状态继续飞行。

◆ **操控状态下的工作原理** 在无人机飞行过程中，若要改变它的飞行姿态，通过操纵输入新俯仰角 $\Delta\theta_g>0$，则给定装置输出电信号 $U_{\Delta\theta_g}=L\Delta\theta_g>0$。无人机水平等速飞行时 $\Delta\theta=\theta_0=\theta=0$，控制面输出 $\Delta\delta_e<0$，由控制面向上偏转产生气动力矩使无人机抬头，θ 逐渐增加。适当选择 L_θ 可以使 $\Delta\theta$ 趋于 $\Delta\theta_g$，$\Delta\delta_e$ 趋于 0，无人机将保持在新的姿态角上飞行。

比例式飞控系统结构简单，应用很广，但在干扰作用下会产生静态误差。

2. 积分式

执行机构输出的位置偏移量 $\Delta\delta_e$ 与输入信号 U_{Z0U} 成积分关系的自动控制器称为积分式飞控系统，其控制回路如图 4-4 所示。

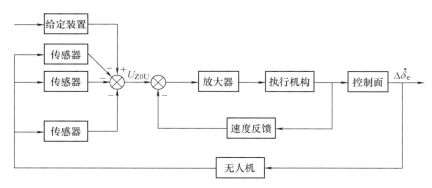

图 4-4 积分式飞控系统控制回路

由图 4-2 和图 4-4 得到，比例式飞控系统采用位置反馈，而积分式飞控系统采用速度反馈，使控制面的角速度增量 $\Delta\dot\delta_e$ 与输入信号 U_{Z0U} 成比例关系，即

$$\Delta\dot\delta_e=\frac{1}{K_f}U_{Z0U} \tag{4-5}$$

以俯仰角通道为例，$\Delta\dot\delta_e=L_\theta(\Delta\theta-\Delta\theta_g)$，通过积分可得

$$\Delta \delta_e = L_\theta \int (\Delta \theta - \Delta \theta_g) dt \tag{4-6}$$

由于速度反馈产生这种积分关系，故速度反馈又称为软反馈，所以积分式飞控系统也称速度反馈式飞控系统，或软反馈式飞控系统。它没有静态误差，但系统的稳定性差，结构复杂，应用受到一定限制。

4.1.3 飞控板

飞控系统硬件固化到电路板上，这块飞行控制集成电路板的简称为飞控板，是多旋翼无人机的核心元件。

根据源程序开放程度，可把飞控板分为开源飞控板和闭源（非开源）飞控板。目前市场上主流的飞控板主要有 KK、QQ、MWC、APM、PIXHawk、大疆、零度等。

1. KK飞控板

KK MultiCopte（简称KK）飞控板是法国开发的一款开源飞控板，也是第一种被广泛使用的多旋翼飞控板。在开源飞控板发展的初期，该飞控板的诞生促进了四旋翼无人机行业的发展。

KK 飞控板只有三个单轴陀螺仪，如图 4-5 所示。它与一台最简单的四通道遥控器匹配，就能控制常见的三、四、六旋翼无人机，并且支持十字形、X 形、H 形和上下对置等多种布局。KK 飞控板目前最新版本是 KK4.5。与其他飞控板相比，该飞控板扩展性差，无自稳功能，不能定高且无 GPS 模块，但其价格低廉、调试简单，依然拥有众多玩家，是初学者首选。

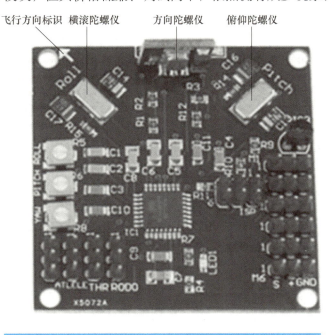

图 4-5　KK 飞控板

2. QQ飞控板

QQ飞控板是一款轻量级的飞控板（图4-6），具有调试简单、价格便宜及有自稳功能等优点，但不能定高、不能进行姿态控制且无GPS模块，更适用于穿越机。因为QQ飞控板比KK飞控板多了自稳功能，所以操作起来比KK飞控板简单。

3. MWC飞控板

MultiWiiCopter（简称MWC）飞控板（图4-7）是法国Alex基于Arduino平台开发的开源飞控板，它完整地保留了ArduinoIDE开发和Arduino设备的升级和使用方法。现在MWC飞控板已经相当成熟，可以支持广泛的外围设备及飞行模式。

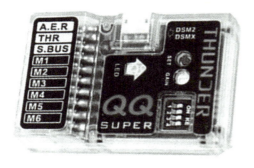

图4-6　QQ飞控板　　　　　图4-7　MWC飞控板

该飞控板除了支持常见的四、六和八旋翼以外，还支持很多奇特的无人机类型，比如三旋翼、阿凡达飞行器（BIcopteravatar style）、Y4型多旋翼（其中两轴为上下对置）等，这也是该飞控板最大的特点。除此之外，MWC飞控板分为标准版和高配版，具有成本较低、结构简单及固件比较成熟等优点。高配版可实现自稳、定高及姿态控制，但调试软件为全英文的，非常复杂，商家基本上不提供技术支持。不建议初学者选用此飞控板，因为MWC的PID参数不容易调到完美状态，且参数受外部因素影响严重，又增加了调试的难度。

目前，MWC飞控板通常有Atmega328P和Atmega2560两个版本，其中Atmega328P版本是在ArduinoProMini版本基础上加一块GY86传感器，包含了MPU6050、HMC5883L、MS5611。其中MPU6050是全球首例9轴运动处理传感器，集成了3轴MEMS陀螺仪、3轴MEMS加速度计以及一个可扩展的数字运动处理器DMP，可用I2C接口的连接一个第三方的数字传感器，如磁力计。HMC5883L是一款高分辨率气压传感器，分辨率可达10cm。

4. APM飞控板

ArduPilotMega（简称APM）飞控板（图4-8）是在2007年由DIY（DIYDrones）无人机社区基于Arduino的开源平台推出的飞控系统，也是迄今为止最为成熟的开源自动导航飞控系统，可支持多旋翼、固定翼、直升机和无人驾驶车等无人设备。

通过 MissionPlanner 开源软件，开发者可以配置 APM 的设置、接受并显示传感器的数据、完成自动驾驶等良好的可定制性功能；APM 飞控板与外置 GPS 传感器连接以后，能够增强无人机稳定性，完成自主起降、自主航线飞行、回家、定高、定点等丰富的飞行模式；而且与外置的超声波传感器和光流传感器连接后，在室内可实现定高和定点飞行。因此，APM 飞控板深受全球航模爱好者青睐。目前，APM 飞控板有 2.5 和 2.6 两个版本。与 MWC 飞控板相比，在国内 APM 飞控板卖得更多，扩展功能更强，调试比 MWC 飞控板稍简单。

5．PX4 和 PIXHawk 飞控板

PX4 飞控板是由 LorenzMeier 所在的瑞士小组开发的，拥有一个 32 位处理器，因此能提供更多内存，运用分布处理方式及包含一个浮点运算协处理器，具有 APM 飞控板 10 倍以上的 CPU 性能。PX4 系列最初有 PX4FMU 和 PX4IO 两个版本。

PIXHawk 飞控板（图 4-9）是由 3DR 联合 APM 飞控板开发小组与 PX4 小组于 2014 年推出的 PX4 飞控板的升级版本，拥有 PX4 飞控板和 APM 飞控板的两套固件和相应的地面站软件，是目前全世界飞控板产品中硬件规格最高的产品。

图 4-8　APM 飞控板

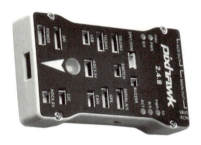

图 4-9　PIXHawk 飞控板

PIXHawk 飞控板的主控芯片是整合硬件浮点运算核心的 Cortex-M4 单片机，运算频率是 168MHz。它内置两套陀螺仪和加速度计及三轴磁场传感器，并可外接一个三轴磁场传感器及一主一备两个 GPS 传感器，在故障时可自动切换，使用最先进的定高算法，仅用气压高度计便可以将飞行器高度固定在 1m 以内。它支持大多数多旋翼无人机产品，甚至包括三旋翼和 H4 这样结构不规则的产品，使无人机可进行全自主航线、关键点围绕、鼠标引导、"FollowMe"、对尾飞行等高级的飞行模式，并能够完成自主调参。其开放性非常好，靠基础模式简单调试后也可飞行，并集成多种电子地图，使用者可以根据当地情况进行选择。PIXHawk 飞控板符合无人机飞控板未来发展的需求，有很大的发展空间。

6．大疆飞控板

大疆飞控板分为两类。第一类为工业级商用的悟空系列飞控板，如 WooKong-M、A2、A3、A3Pro 等，如图 4-10 所示。这类飞控板集成了高精度的传感器元件，采用先进的温度补偿算法和工业化的精准校正算法，使无人机系统具有稳定、高效和可靠

的性能。

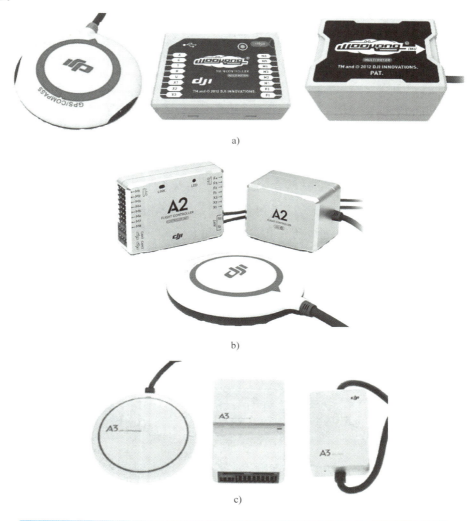

图4-10 悟空系列飞控板

a) WooKong-M 飞控板　b) A2 飞控板　c) A3 飞控板

WooKong-M（简称 WKM）飞控板是一款成熟的多旋翼平台使用的飞控系统，是 A 系列飞控板的前身，可与市面上常见的第三方电调直接相连，无须做任何线路的修改。

其基本功能特点如下：

1）适用 9 种常用的多旋翼无人机平台，支持用户自定义电动机混合控制。

2）具有失控保护、精准定位悬停、智能方向控制（智能航向锁定）、热点环绕、遥控器触发高度返航和开关触发自动返航等功能。

3）内置云台增稳和减振设计。

4）支持 IPAD 地面站及手机上进行参数配置。

A2 是 A 系列的第一款产品，不支持 DJIGO，其基本功能特点如下：

1）支持四旋翼（I4、X4）、六旋翼（I6、V6、Y6、IY6）、八旋翼（X8、I8、V8）以及自定义无人机。

2）控制模式多，包含 GPS、手动以及两种姿态模式。

3）内置 16 通道接收机 DR16，同时还支持外接 S-Bus、DSM2 以及 PPM 接收机。

4）具有增强型失控保护功能，可自动悬停或者返航降落；具有动力保护功能，六轴有一轴动力缺失仍然可控；具有智能方向控制功能，支持航向锁定、返航点锁定和兴趣点环绕；具有两级低电压保护功能。

5）支持大疆禅思系列云台。

6）集成 LED 和蓝牙，支持在移动设备上通过蓝牙通信进行参数配置。

A3 是 A2 升级版，采用全新的工业系统解决方案，集成厘米级精度的 D-RTKGNSS 模块、智能电调、智能电池和 Lightbridge2 高清图传，使飞行器定位精度提升到厘米级并提供强大的抗磁干扰能力，保障无人机在高压线、金属建筑等强磁干扰环境下安全工作，且支持 DJIGO。A3Pro 配备三套 IMU 和 GNSS 模块，A3 可通过两个 IMU+GNSS 升级套件升级至 A3Pro。A3 和 A3Pro 采用全面优化的姿态解析以及多传感器融合算法，精准可靠。其系统具备强大的适应性，可在不同类型的无人机上实现参数免调。当六轴或八轴无人机出现动力故障时，容错控制系统可以让无人机自动稳定飞行姿态，保障飞行安全。

第二类是多旋翼无人机爱好者用的哪吒系列飞控板，如 NAZA-MLite、NAZA-MV1、NAZA-MV2，如图 4-11 所示。这类飞控板采用一体化设计理念，将控制器、陀螺仪、加速度计和气压计等传感器集成在轻巧的控制模块中，且支持固件在线升级，使无人机系统的功能和硬件均可得到扩展，具有飞行稳定性好、手感和机动性强、售后服务好、安全性高、操作比 APM 飞控板简单等优点。

NAZA-MLite 飞控板为入门级产品，以 V1 平台开发，可以加 GPS，但无更多扩展功能。其基本功能特点如下：

1）多种飞行控制模式，如手动模式（可选手动、姿态、失控保护）、姿态模式、GPS 模式。为了适应各种飞行环境，操作者可以自由快速切换三种模式，系统也会依据飞行环境的变化，智能进行飞行模式的切换。

2）即插即用的 GPS 扩展模块，提供精准定位、自动返航、智能方向控制等功能。在 GPS 模式下，可以锁定经纬度和稳定悬停，精度可以达到水平 $\leq 2.5 \text{ m}$，高度 $\leq 0.8 \text{ m}$。

3）智能方向控制，提供航向锁定和返航点锁定功能，使无人机的飞行前进方向与无人机的机头朝向无关。当开启航向锁定时，飞行前进方向与主控记录的某一时刻的机头朝向一致；当开启返航点锁定时，飞行前进方向为返航点到无人机的方向。

4)增强型失控保护,提供自动降落、自动返回和自动降落熄火功能。

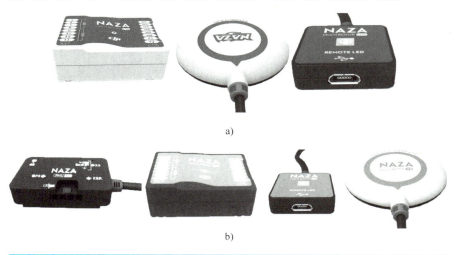

图 4-11 哪吒系列飞控板

a) NAZA-MLite 飞控板   b) NAZA-MV2 飞控板

5)摇杆起动(解锁)及摇杆停止模式。在任何情况下起动无人机(包括任何状态下电动机停转后)都需要进行解锁,解锁方式有四种,如图 4-12 所示,通常采用第四种解锁方法。一般采用哪种解锁方式,就采用哪种摇杆停止电动机转动。

图 4-12 摇杆种类

6)支持 6 种多旋翼无人机,分别是两种四旋翼无人机(I4、X4)和 4 种六旋翼无人机(I6、V6、Y6、IY6);支持普通接收机、PPM 接收机及 D-BUS;仅支持两轴云台(俯仰和横滚)增稳。

7)提供固件在线升级及远程调参。在飞行过程中,可通过遥控器旋钮实时调整飞行参数,以获得良好的飞行。

V1 为第一代 Naza 产品,官网已停售,不做介绍;V2 为第二代 Naza 产品,在 V1 的基础上优化了硬件结构,扩展性能极强。与 NAZA-MLite 飞控板相比,其新增功能特点如下:

1)支持 9 种多旋翼无人机类型。除了 NAZA-MLite 飞控板支持的 6 种无人机外,还支持 3 种八旋翼无人机（X8、I8、V8）。

2）采用第四代全新姿态算法，不仅继承了 NAZA-MLite 飞控板产品优异的飞行稳定性能，而且还提高了机动性，使飞行操作更加灵活和稳定。新增 GPS 航向自动补偿和指南针干扰监视功能，可在飞行过程中进行自适应性补偿，从而降低磁干扰的影响。

3）断桨保护功能（六轴及以上机型）。当无人机在姿态或 GPS 姿态模式下，意外缺失某一螺旋桨动力输出时，无人机可以采用牺牲航向轴控制的办法，继续保持飞行水平姿态。此时无人机可以继续被操控，并安全返航，这样就大大降低了炸机的风险。

4）一键返航，提供遥控器开关触发自动返航功能，无须进入失控保护模式。

5）蓝牙模块和新版调参软件，可支持移动设备调参，使无人机在飞行过程中调整感度更加简单方便，同时降低了调参对移动设备电能的消耗。通过密码机制保证安全链接，自动保存上次连接记录，且用户参数自动同步到云服务器，当更换移动设备后，配置参数瞬间恢复。

7．零度飞控板

零度飞控板分为两类。第一类是工业级商用的"双子星"（GEMINI）双余度飞控板，其集成了两套独立工作的 MC（内置 IMU）、GPS、磁罗盘。当主控设备出现意外时，从控设备会自动接管对无人机的控制，并支持零度安全伞，意外情况自动开伞，为飞行提供了多重安全保障。其功能与大疆 A2 飞控板的功能特点相似，这里不再赘述。

第二类是无人机爱好者用的 YS 系列飞控板，主要有支持多旋翼无人机的 YS-X6 系列（YS-X6、YS-X6-P）、YS-X4 系列（V1、V2…）和 YS-S4 系列（V1、V2、V3…）及支持固定翼无人机的 YS09 和 YS06。YS-X6 系列飞控板设置简单快捷，配备智能化的地面站系统，只需将地面站软件安装在个人的智能手机、平板电脑或计算机上，利用 Wi-Fi 通信连接飞控板即可作为控制无人机的终端移动设备，具有极大的便捷性，使户外航拍变得轻松便利，其功能与 NAZA-MV2 飞控板的功能特点相似，这里不再赘述。

请同学们到市场询价，或者上网查询价格，填好表 4-1 中的价格并对比不同品牌飞控板的成本。

表 4-1 常用飞控板功能及价格比较

飞控板品牌	自稳功能	定高	姿态控制	GPS 模块	调试难度	操控难度	价格/元
KK	无	无	无	无	简单	难	
QQ	有	无	无	无	简单	难	
MWC	有	有	有	可加装	最难	简单	
APM	有	有	有	可加装	较难	简单	
PIXHawk	有	有	有	可加装	较难	简单	
A2	有	有	有	可加装	简单	简单	
YS-X4	有	有	有	可加装	简单	简单	

4.2 传感器

由图4-1可知,传感器是飞控系统的关键组成部分,若把计算机比作无人机的"大脑",那传感器就是无人机的"电五官"。正是这些传感器将无人机的飞行姿态等动态信息采集并输送给计算机,经计算机处理后输出给执行机构,进而控制无人机的飞行姿态和稳定。因此,飞控系统要精准完成控制任务,离不开传感器检测反馈信息。

无人机常采用的传感器多为惯性传感器,如加速度计、陀螺仪和磁力计。惯性传感器是通过采集无人机的加速度和角度获取无人机的瞬时速度、姿态和位置的。简单来说,陀螺仪知道"无人机转了个身",加速度计知道"无人机又向前飞了几米",而磁力计则知道"无人机是向哪个方向飞"。

下面重点介绍无人机飞控系统常用的惯性传感器,简单介绍其他一些传感器,如气压计、超声波传感器、红外传感器。

4.2.1 陀螺仪

陀螺仪就是角速度传感器,是利用陀螺效应原理制造出来用来测量物体角速度的一种传感器。陀螺效应是指高速旋转物体的旋转轴所指的方向不会随着外力的方向改变而发生改变。

1850年,法国物理学家莱昂·傅科在研究地球自转中获得灵感而发明了陀螺仪,这时的陀螺仪就像把一个高速旋转的陀螺放到一个万向支架上,靠陀螺的方向来计算角速度,如图4-13所示。陀螺仪首先应用到航海上,到第二次世界大战时,陀螺仪才应用到航空航天上,这时的陀螺仪都是机械陀螺仪,也就是传统陀螺仪。传统陀螺仪对工艺结构的

图4-13 最早的陀螺仪

要求很高,结构复杂,其精度受到了很多方面的制约。1976年美国VALI和SHORTHILL等提出了现代光纤陀螺仪的基本设想。到20世纪80年代以后,现代光纤陀螺仪得到了非常迅速的发展,与此同时激光谐振陀螺仪也有了很大的发展。由于光纤陀螺仪具有结构紧凑、灵敏度高、工作可靠等优点,所以在很多的领域已经取代了传统陀螺仪,成为现代飞控导航系统中的关键部件。同时,激光陀螺仪也有突破,它通过光程差来测量旋转角速度,优点和光纤陀螺仪差不多,但成本高一些。20世纪90年代,微机械陀螺仪已经在民用产品中得到了广泛的应用,部分应用在低精度的惯性导航产品中。而无人机上采用的陀螺仪多数是微机械陀螺仪,虽然它精度不如光纤陀螺仪和激光陀螺仪,但其体积小、功耗低、易于数字化和智能化,特别是成本低,易于批量生产,已经广泛应用于汽车牵引控制系统、

医用设备、军事设备等低成本需求中。

1. 传统陀螺仪

传统陀螺仪是一种机械装置，主要由旋转轴、转子和支架等组成，如图4-14所示。

传统陀螺仪

图4-14 传统陀螺仪的结构组成

◆ 转子 常采用同步电动机、磁滞电动机、三相交流电动机等拖动陀螺转子绕旋转轴高速旋转。

◆ 支架（内、外环） 使陀螺旋转轴获得所需角转动自由度。

◆ 附件 指力矩电动机、信号传感器等。

传统陀螺仪具有两种非常重要的基本特性：一是定轴性；二是进动性。这两种特性都是基于角动量守恒的原则，并促使陀螺仪广泛用于航空、航天和航海领域。

◆ 定轴性 转子在没有任何外力矩作用下高速旋转，陀螺仪的旋转轴在惯性空间中的指向固定在一个方向，同时不会随着外力作用发生改变，这种物理现象称为陀螺仪的定轴性或稳定性，如图4-15a所示。定轴性随转子的转动惯量和角速度的增加而增加。

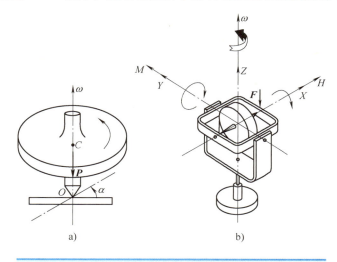

图4-15 传统陀螺仪基本特性

a) 定轴性 b) 进动性

◆ 进动性　高速旋转的转子在外力矩 M 作用于外环轴 Z 时，陀螺仪将绕内环轴 Y 转动；在外力矩作用于内环轴 Y 时，陀螺仪将绕外环轴 Z 转动。则转动角速度方向与外力矩 M 作用方向互相垂直，这种特性叫作陀螺仪的进动性，如图 4-15b 所示，图中 X 为旋转轴。进动角速度 ω 的大小取决于转子动量矩 H 的大小和外力矩 M 的大小，其计算公式为

$$\omega = \frac{M}{H} \tag{4-7}$$

进动性随着外界作用力 F 的增加及转子的转动惯量和角速度 ω 的减小而增加。

2. 微机械陀螺仪

微机械陀螺仪即 MEMS 陀螺仪（图 4-16）。MEMS（Micro-Electro-Mechanical Systems）是指集机械元素、微型传感器、微型执行器以及信号处理和控制电路、接口电路、通信和电源于一体的完整微型机电系统。传统陀螺仪主要利用角动量守恒原理，因此是一个不停转动的物体，且它的旋转轴指向不随承载它的支架的旋转而变化。但是 MEMS 陀螺仪的工作原理不是这样的。MEMS 陀螺仪利用旋转物体在有径向运动时所受到的切向力（科里奥利力），采用振动物体传感角速度的概念，利用振动来诱导和探测科里奥利力而设计。MEMS 陀螺仪没有旋转部件，不需要轴承，可以利用微机械加工技术大批量生产。

图 4-16　微机械陀螺仪

MEMS 陀螺仪的性能参数主要有分辨率（Resolution）、零角速度输出（零位输出）、灵敏度（Sensitivity）和测量范围。这些参数是评价 MEMS 陀螺仪性能好坏的重要标志，同时也决定陀螺仪的应用环境，不同的应用场合对陀螺仪的性能指标有不同的要求。陀螺仪的白噪声决定了陀螺仪的分辨率和零角速度输出，这两个参数与灵敏度主要说明了陀螺仪的内部性能和抗干扰能力。对使用者而言，更具有实际选择意义的是灵敏度。可通过改进设计和静电调试使得驱动和传感的共振频率一致，以实现最大可能的能量转移，从而获得最大的灵敏度。

MEMS 陀螺仪的主要特点如下：

1）体积小、重量轻，其边长都小于 1mm，器件核心的重量仅为 1.2mg。
2）成本低。
3）可靠性好，工作寿命超过 10 万 h，能承受 1000g 的冲击。
4）测量范围大。

常用的 MEMS 陀螺仪型号是 L3GD20。

4.2.2　加速度计

加速度计又称为加速度传感器（Acceleration Transducer），是一种测量加速度的传感器。

其种类繁多。20世纪40年代初,德国人研制了世界上第一个摆式加速度计。随后,由于航空、航天和航海领域对惯性测量元件的需求,出现了挠性、静电、振梁式、电磁等加速度计,性能和精度都有了很大的提高。随着激光、光纤传感、微电子学和微制造等技术的发展,从20世纪80年代开始,先后出现了光纤、激光、微机械(MEMS)等加速度计。由于MEMS加速度计具有体积小、重量轻、结构简单、成本低、能耗低等优点,在航空航天等领域应用前景广阔。依据输入轴数目,MEMS加速度计可分为单轴、双轴和三轴。因为三轴MEMS加速度计可以测量空间加速度,并能全面准确反映物体的运动性质,在航空航天、机器人、汽车和医学等领域应用广泛。依据工作原理,三轴MEMS加速度计分为压阻式、压电式和电容式三种类型,所产生的加速度分别正比于电阻、电压和电容的变化,通过相应的放大和滤波电路进行采集。这和普通的加速度计的工作原理相同,所以在一定的技术上三个单轴加速度计就可以变成一个三轴加速度计。下面以压电式MEMS加速度计为例,进行详细介绍。

1. 结构组成

压电式MEMS加速度计根据用途分为多种结构,其中最常见的一种为纵向压缩型结构,其他压电式加速度计都是在压缩型结构的基础上改装而成的。压缩型压电加速度计主要由压电元件、质量块、弹性元件等组成,如图4-17所示。质量块作为敏感元件,能够感受外界的信号,通过螺栓、螺母和弹性元件对质量块预先加载,使之压紧在压电元件上,这样可以保证在作用力变化时,压电元件始终受到压力。其次是保证压电元件的电压与作用力成线性关系。这是因为压电元件在加工时,其接触面不可能绝对平坦,如果没有足够的压力,就不能保证均匀接触。因此接触电阻阻值在最初阶段将不是常数,而是随着压力变化的。但是,这个预压力也不能太大,否则将会影响其灵敏度。

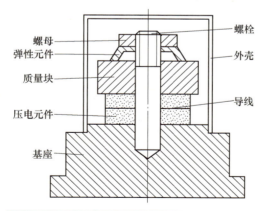

图4-17 压缩型压电加速度计的结构组成

2. 工作原理

自然界中某些物质,如石英、陶瓷等,在沿一定方向上受到外力的作用时,不仅会发生变形,且其内部会产生极化现象,同时在其两个相对表面上会产生正负电荷。当外力去掉后，它又会恢复到不带电的状态，这种现象称为压电效应。在这个过程中，机械能转换为电能，此现象也称为正压电效应，如图 4-18a 所示，且放电电荷 q 与作用力 F 成正比例关系，见式（4-8）。相反，当在这些物质的极化方向上施加电场时，其也会发生变形，电场去掉后，物质的变形随之消失，这种电能转换为机械能的现象称为逆压电效应，或称为电致伸缩现象，如图 4-18b 所示。

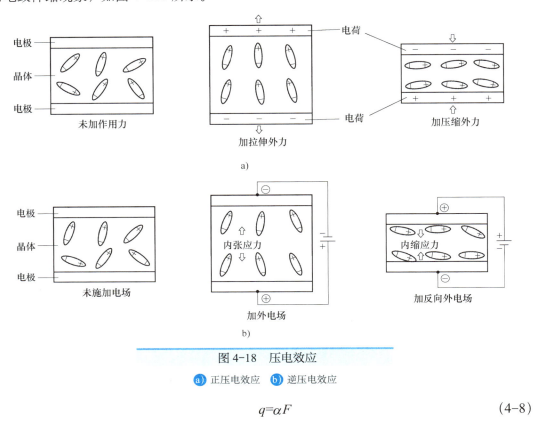

图 4-18 压电效应
a) 正压电效应　b) 逆压电效应

$$q=\alpha F \tag{4-8}$$

式中　α——压电材料的压电系数（C/N）。

依据压电效应制成的一类传感器称为压电传感器。压电式加速度计的工作原理是基于压电效应的。当传感器感受到外力时，因为质量块相对被测物体质量较小，因此质量块感受与传感器基座几乎相同的惯性力。由牛顿第二定律可知，此惯性力 F 的大小为

$$F=ma \tag{4-9}$$

式中　m——质量块的质量（kg）；
　　　a——被测物的加速度（m/s²）。

同时，惯性力也作用在压电元件上，并使压电元件产生电荷 q。由式（4-8）和式（4-9）可求得

$$q=\alpha ma \tag{4-10}$$

式（4-10）表明，传感器产生的电荷量与被测物体的加速度成正比。

用于测量时将传感器基座与被测对象牢牢地紧固在一起,输出信号由压电元件产生的电荷在导线的引导下被传入转换电路。

由于压电式 MEMS 加速度计内部存在刚体支撑,通常情况下,压电式 MEMS 加速度计不能测到静态加速度,只能测到动态加速度。而电容式加速度计既能测到动态加速度又能测到静态加速度,所以应用更广泛。目前,市场上该产品较多,无人机上多数采用飞思卡尔(Freescale)公司生产的性价比高的微型电容式加速度计 MMA7260 或者美国模拟器件公司(ADI)生产的加速度计 ADXL 系列。

4.2.3 磁力计

1. 工作原理

磁力计(Magnetic、M-Sensor)也叫地磁、磁感器,是利用通电导线在磁场中产生的洛仑兹力来检测磁场强度大小的传感器。磁力计的原理跟指南针原理类似,可用来测量磁场强度和方向、定位设备的方位及当前设备与东南西北四个方向的夹角。

地磁场也就是地球的磁场,像一个条形磁体一样由磁南极指向磁北极,是一个矢量。对于一个固定的地点来说,这个矢量可分解为两个与当地水平面平行的分量(X 和 Y)和一个与当地水平面垂直的分量 Z。若磁力计与当地的水平面平行,则磁力计的三个轴就和这三个分量相对应,如图 4-19 所示。实际上水平方向的两个分量 X 和 Y 矢量和总是指向磁北极。磁力计中的航向角 α 就是当前方向和磁北极的夹角。由于磁力计保持水平,只需要用磁力计水平方向两轴(X 轴和 Y 轴)的检测数据(H_X 和 H_Y)就可以用式(4-11)计算出航向角 α。当磁力计水平旋转时,航向角在 0°~360°范围内变化。

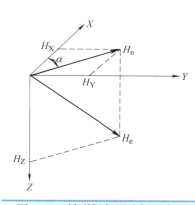

图 4-19 地磁场矢量分解示意图

$$\alpha = \arctan\left(\frac{H_Y}{H_X}\right) \qquad (4-11)$$

MEMS 谐振式磁力计因具有灵敏度及分辨力高,驱动和检测方法成熟,且能够满足弱磁场的检测等特点而被广泛应用。其工作原理是:当外界有磁场时,在悬臂梁中通过频率等于悬臂梁的谐振频率的变电流,在洛仑兹力的作用下使悬臂产生振动,振幅与外界磁场强度的大小成正比。通过检测其振幅的大小就可得到磁场强度的信息。由于悬臂梁工作在谐振状态下,因此振幅会被放大 Q 倍,从而使检测精度和灵敏度得到大幅提高。无人机采用磁力计来检测 3 个轴向的地球磁场数据,计算出当前的飞行方向。初学者可选择菲斯卡尔公司的小型、低功耗、数字三轴磁力计 MAG3110,再与加速度计配合使用,以产生出定位准确的独立罗盘航向信息。常用的电子罗盘是 LSM303DLH，其结构示意图如图 4-20 所示。它将加速度计、磁力计、A/D 转换器及信号条理电路集成在一起，通过 I2C 总线和处理器通信。这样只用一个芯片就实现了六轴的数据检测和输出，降低了设计难度，减小了 PCB 板的占用面积，降低了元件成本。

图 4-20 电子罗盘结构示意图

2．磁场干扰及校准

磁场干扰是指由于磁性物质或者可以影响局部磁场强度的物质存在，使得磁传感器所放置位置的地球磁场发生了偏差。众所周知，世界上除了地球能产生磁场外，还有许多物体会产生磁场，如电动机、磁铁等。一般情况下，地球磁场只有 $0.5×10^{-4}$ T，而一个普通的手机扬声器当相距为 2cm 时会产生大约 $4×10^{-4}$ T 的磁场，一个手机电动机在相距为 2cm 时会产生大约 $6×10^{-4}$ T 的磁场，这会使得针对电子设备表面的地球磁场测量很容易受到电子设备本身的磁场干扰。磁场干扰分为硬磁干扰和软磁干扰。硬磁干扰是由周围物质所产生的恒定磁场导致的，其特点是外加磁场大小和方向都不会随着航向变化而变化。软磁干扰是由地球磁场与磁力计周围的磁化物质相互作用而产生的，其特点是软磁场大小和方向随着磁力计的方位变化而变化。

在绝大多数的应用中，硬磁干扰和软磁干扰同时存在，使得本地的实际磁场可能会明显大于地球磁场，所以磁力计需要有足够的量程进行测量和校准。而对于环境中的这些磁干扰，只需确定其在空间上与磁力计的位置关系，就能够对其进行校准补偿。常用的校准方法有平面校准和立体 8 字校准。

◆ 平面校准方法　使配备有磁力计的设备在 XY 平面内自转。

◆ 立体 8 字校准方法　使需要校准的设备在空中做 8 字晃动，原则上尽量多地让设备法线方向指向空间的所有 8 个象限。

惯性传感器的精度会随着时间的延长而降低，因为存在漂移，误差会积累，导致精度降低，从而使无人机的状态变化失去控制。所以在实际应用中，除了使用惯性传感器外还会采用气压计、超声波传感器、光流传感器等，充分利用每种传感器的特长，让最终的运算结果更准确，以确保无人机有更好和更稳定的飞行状态。市场上的飞控板自带有各种传感器，选购时要注意是否满足要求。

4.2.4　气压计

气压计是根据托里拆利的实验原理制成的，用来测量大气压强的仪器。无人机上所用的气压计是用来测量高度的，其原理利用了大气压与海拔高度的关系。地球上的大气压随着海拔的增加而减小，在3000m范围内，每升高12m，大气压减小1mmHg（毫米汞柱），大约133Pa。测高度的气压计实际是压阻式压力传感器，它的一个重要参数是灵敏度，初学者可以选择瑞士MEAS公司的MS5611高分辨率气压计，其分别率可达到10cm。

4.2.5　超声波传感器

超声波传感器是将超声波信号转换成电信号的传感器，由超声波发射器、接收器、控制部分及电源组成。超声波发射器向某一方向发射超声波，在发射的同时开始计时，超声波在空气中传播，途中碰到障碍物就立即返回来，超声波接收器收到反射波就立即停止计时。超声波在空气中的传播速度为340m/s，根据计时器记录的时间 t，依据式（4-12）可计算出发射点距障碍物的距离 s。无人机使用超声波传感器的目的是要识别自身与物体的距离，以避免撞上其他物体。

$$s = \frac{1}{2}vt \tag{4-12}$$

4.2.6　红外传感器

红外传感器是利用红外线为介质的传感器。红外传感器可以探测具有一定温度的物体，使用时可以避免碰触动物或人体。

红外传感器按照功能可分为以下5种：

- 辐射计　用于辐射和光谱测量。
- 搜索和跟踪系统　用于搜索和跟踪红外目标，确定其空间位置并对其运动进行跟踪。
- 热成像系统　可产生整个目标红外辐射的分布图像。
- 红外测距和通信系统
- 混合系统　是指以上各类系统中的两个或者多个的组合。

红外传感器一般由光学系统、探测器、信号处理系统、显示输出系统等组成，其核心元件是探测器。根据探测机理，探测器可分为光子探测器和热探测器。

1）光子探测器：基于光电效应，利用入射光辐射的光子流与探测器材料中的电子相互作用，从而改变电子的能量状态，引起各种电学现象。

2）热探测器：利用红外辐射的热效应，探测器的敏感元件吸收辐射后引起温度升高，进而使某些有关物理参数发生变化，通过测量物理参数的变化来确定探测器所吸收的红外辐射。

4.3 舵机

4.3.1 概述

舵机是一种位置（角度）伺服的驱动器，适用于那些需要角度不断变化并可以保持的控制系统。

舵机早期在模型上使用最多，在航空模型中，固定翼无人机的飞行姿态是通过调节电动机和各个控制面来实现的。对简单的四通固定翼无人机来说，有以下四个方面需要控制。

1）电动机转速，用于控制无人机的拉力（或推力）。
2）副翼控制面（安装在无人机翼后缘），用来控制固定翼无人机的横滚运动。
3）水平尾控制面，用来控制固定翼无人机的俯仰角。
4）垂直尾控制面，用来控制固定翼无人机的偏航角。

舵机

这样就需要四个舵机，而舵机又通过连杆等传动元件带动控制面转动，从而改变固定翼无人机的运动状态。因此，控制面的伺服电动机就是舵机。目前，舵机在高档遥控玩具，如无人机、潜艇模型，遥控机器人中已经得到了普遍应用。

舵机种类繁多，分类方法不同，名称也不同，常用的分类方法及种类如下：

1）按采用的能源分为气动舵机、电动舵机和液压舵机。
2）按功用分为横舵机、直舵机和差动舵机。
3）按操舵方式分为比例式舵机和继电式舵机。
4）按照信号种类分为模拟舵机和数字舵机。

4.3.2 组成

一般来讲，舵机主要由舵盘、齿轮组、电动机、电路板、外壳等组成，如图 4-21 所示。

舵机的齿轮组有塑料齿轮、混合齿轮、金属齿轮。塑料齿轮成本低，噪声小，但强度较低；金属齿轮强度高，成本也高，在装配精度一般的情况下会有很大的噪声。小转矩舵机、微舵、转矩大但功率密度小的舵机常用塑料齿轮，如 Futaba3003 和辉盛的

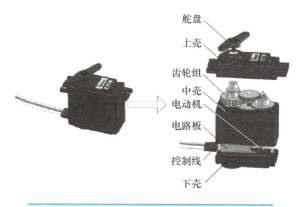

图 4-21 舵机的结构图

9g 微舵。金属齿轮常用于功率密度较大的舵机上，如辉盛的 995 舵机。Hitec 甚至用钛合金作为齿轮材料，其高强度能保证 3003 大小的舵机能提供 20 多 kg 的转矩。混

合齿轮在金属齿轮和塑料齿轮间做了折中，电动机输出齿轮转矩一般不大，可采用混合齿轮。

舵机的外壳一般是塑料的，特殊的舵机可能会用金属铝合金外壳。金属外壳能够更好地散热，可以让舵机内的电动机运行在更大功率下，以提供更大的转矩输出。金属外壳也可以提供更牢固的固定位置。

舵机都是用信号线的颜色来区分功能的，红色线是电源正极，棕色线是电源负极，橙色线是控制线。

4.3.3 控制原理

控制电路接收信号源的控制脉冲，并驱动电动机转动；齿轮组将电动机的速度成大倍数缩小，并将电动机的输出转矩放大响应倍数，然后输出；电位器和齿轮组的末级一起转动，测量舵机轴转动角度；电路板检测并根据电位器判断舵机转动角度，然后控制舵机转动到目标角度或保持在目标角度，如图 4-22 所示。

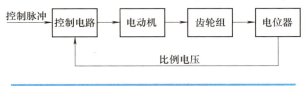

图 4-22 舵机的控制原理图

模拟舵机需要一个外部控制器（遥控器的接收机）产生脉宽调制信号来告诉舵机转动角度，脉冲宽度是舵机控制器所需的编码信息，常采用的是传统的 PWM 协议。PWM 信号为脉宽调制信号，其特点在于它的上升沿与下降沿之间的时间宽度。模拟舵机具有产业化、成本低、旋转角度大（目前所生产的都可达到 185°）等优点；缺点是控制比较复杂。但是数字型舵机对 PWM 信号的要求较低：①不用随时接收指令，可减少 CPU 的疲劳程度；②可以进行位置自锁、位置跟踪，这方面超越了普通的步进电动机。

舵机的控制常需要一个 20ms 左右的时基脉冲，该脉冲的高电平部分一般为 0.5～2.5ms 范围内的角度控制脉冲部分，总间隔为 2ms。当脉冲宽度改变时，舵机转轴的角度发生改变，且角度变化与脉冲宽度的变化成正比。以 180°角度伺服为例，输出轴转角与输入信号脉冲宽度之间的关系如图 4-23 所示。

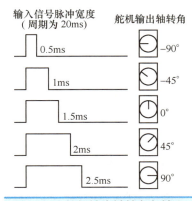

图 4-23 舵机输出轴转角与输入信号脉冲宽度的关系

4.3.4 性能参数

舵机的性能参数主要有转速、转矩、电压、功率密度等。

1. 转速

在无负载的情况下,舵机转过60°角所需时间为舵机转速,如图4-24所示。常见舵机的转速一般为(0.11～0.21s)/60°。

2. 转矩

在舵盘上距舵机轴中心水平距离1cm处,舵机能够带动的物体质量为舵机转矩,若物体质量是 n kg,则舵机转矩为 n kg·cm,如图4-25所示。

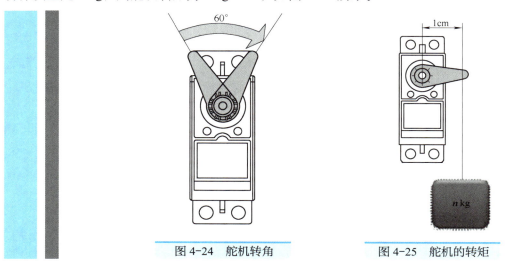

图4-24 舵机转角　　　　图4-25 舵机的转矩

3. 电压

推荐的舵机电压一般为4.8V或6V。当然,有的舵机可以在7V以上工作,比如12V的舵机应用也不少。较高的电压可以提高电动机的速度和转矩。选择舵机还需要看控制卡所能提供的电压。

4. 功率密度

舵机的功率(速度×转矩)与舵机的尺寸比值为该舵机的功率密度。一般同品牌的舵机,功率密度越大,价格越高。

选择舵机时,要对以上几个方面进行综合考虑,需要先计算出转矩和转速,并确定使用电压后,选择有150%甚至更大转矩富余的舵机。

4.4 导航系统

导航(Navigation)是指将运动载体从一个地方引导到另一个地方的技术或方法。导航所需要的最基本导航参数是运动载体的即时位置、速度和航向。目前,测量导航参数的设备称为导航系统。

早期无人机采用导航仪表进行导航。1954 年，采用惯性导航系统的无人机试飞成功。1958 年，安装惯性导航系统的"舡鱼"号潜艇穿过北极在冰下航行 21 天。我国从 1956 年开始研制惯性导航系统。自 1970 年以来，各种无人机、人造地球卫星和火箭上都采用了我国研制的惯性导航系统。20 世纪 60 年代以后，采用机载惯性导航系统、多普勒导航系统和各种无线电导航系统进行导航。20 世纪 70 年代发展起来的全球卫星导航系统，具有全球性、高精度及实时三维导航测速能力，是导航技术的新突破。它和惯性导航系统组合的导航系统是最理想的导航系统。因此，本文重点介绍惯性导航系统、全球卫星导航系统及常用的组合导航系统。

4.4.1 惯性导航系统

惯性导航系统（Inertial Navigation System，INS）是一种不依赖于外部信息，只依据运动载体本身的惯性测量（加速度）来完成导航任务的技术，也称为自主式导航系统。惯性导航系统的基本工作原理是以牛顿力学定律为基础，测量运动载体的加速度后，经过一次积分可以得到运动速度，经过二次积分得到运动距离，从而给出运动载体的瞬时速度和位置参数，如图 4-26 所示。位移、速度和加速度三者之间的关系为

$$a = \frac{\mathrm{d}v}{\mathrm{d}t} = \frac{\mathrm{d}^2 s}{\mathrm{d}t^2}$$

$$v = \int_0^t a \mathrm{d}t + v_0 \tag{4-13}$$

$$\begin{aligned} s &= \int_0^t v \mathrm{d}t + s_0 \\ &= \int_0^t \int_0^t a \mathrm{d}t^2 + s_0 + v_0 t \end{aligned} \tag{4-14}$$

式中　a——运动载体的加速度（m/s²）；

　　　v——运动载体的速度（m/s）；

　　　s——运动载体的位移（m）。

惯性导航系统

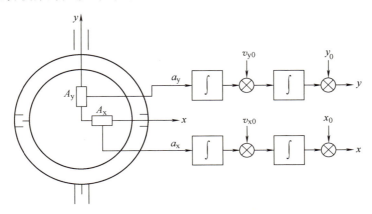

图 4-26　惯性导航原理

1. 特点

◆ **优点** 由式（4-13）和式（4-14）可以得出，只要用加速度计测出加速度，那运动载体在任何时刻的速度和相对出发点的距离就可以实时计算出来。惯性导航系统完全依靠机载设备自主地完成导航任务，与外界不发生任何光、电联系，因此具有隐蔽性好、工作不受气象条件的限制（可全天候、全时间地工作于空中、地球表面乃至水下）、导航信息连续性好而且噪声小、数据更新率高、短期精度和稳定性好等优点，使其成为航空、航天和航海领域中一广泛应用的导航方法。

◆ **缺点** 由于导航信息经过积分而产生，定位误差随时间而增大，长期工作精度差；每次使用之前需要较长的时间校准；设备的价格较昂贵；不能给出时间信息。

2. 结构

惯性导航系统由以下四个部分组成。

◆ **加速度计** 用来测量运动载体的加速度。

◆ **惯性平台** 模拟一个导航坐标系，把加速度计的测量轴稳定在导航坐标系上，并用模拟的方法给载体姿态和方位信息。为了减少作用在平台上的各种干扰力矩，平台一般采用陀螺仪作为敏感元件的稳定回路。为了使平台能跟踪导航坐标系在惯性空间的转动，平台还需要从加速度计到计算机再到陀螺仪并通过稳定回路而形成的跟踪回路。

◆ **导航计算机** 完成导航计算和平台跟踪回路中指令角速度信号的计算。

◆ **控制显示器** 给定初始参数及系统需要的其他参数，并显示各种导航信息。

3. 分类

从结构上来说，惯性导航系统可分为平台式和捷联式。

◆ **平台式惯性导航系统**（Gimbaled Inertial Navigation System，GINS） 是将陀螺仪和加速度等惯性元件通过万向支架角运动隔离系统与运动载物固连的惯性导航系统，其工作原理图如图 4-27 所示。

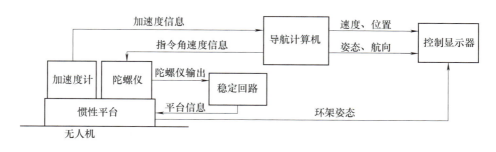

图 4-27 平台式惯性导航系统的工作原理

由图 4-27 可知，平台式惯性导航系统由惯性导航系统平台（包含陀螺仪）、加速度计、稳定回路、导航计算机、控制显示器等部分组成。其优点是因为直接模拟导航坐标系，所以计算比较简单；因为能隔离载体的角运动，所以系统精度高。其缺点是结构复杂、体积大、制作成本高。

平台式惯性导航系统又分为半解析式、几何式和解析式。

1）半解析式：又称当地水平惯性导航系统。该系统有一个三轴稳定平台，台面始终平行于当地水平面，方向指地理北（或其他方位）。陀螺仪和加速度计放置在平台上，测量值为载体相对惯性空间沿水平面的分量，需在消除地球自转、飞行速度等引起的干扰加速度后，计算载体相对地球的速度和位置。无人机中应用的多为半解析式惯性导航系统，根据平台两个水平轴指向不同可分为指北方位惯性导航系统（工作时，平台的三个稳定轴分别指向地理东、地理北、当地地平面的法线方向，即平台模拟当地地理坐标系）、自由方位惯性导航系统（工作时，平台的方位可以和北向成任意夹角，始终指向惯性空间的某一个方向，台面仍要保持在当地的水平面内。由于地球的旋转和无人机的运动，平台的横轴、纵轴不指向地理东、北，而是有一定的自由夹角，故称它为自由方位惯性导航系统，其平台称为自由方位平台）和游动方位惯性导航系统（与自由方位惯性导航系统类似，平台的台面处于当地水平面，方位轴只跟踪地球自转的分量）。

2）几何式：该系统有两个平台，一个装有陀螺仪，相对惯性空间稳定；另一个装有加速度计，跟踪地理坐标系。通过陀螺仪平台和加速度计平台间的几何关系可确定载体的经纬度，故称其为几何式惯性导航系统。该系统主要用于船舶和潜艇的导航定位。其精度较高，可长时间工作，计算量小，但平台结构复杂。

3）解析式：陀螺仪和加速度计装于同一平台，平台相对惯性空间稳定。加速度计测量值包含重力分量，在导航计算前必须先消除重力加速度影响。求出的参数是相对惯性空间的，需进一步计算转换为相对地球的参数。该系统平台结构较简单，计算量较大，主要用于宇宙航行及弹道式导弹。

◆ 捷联式惯性导航系统（Strap-down Inertial Navigation System，SINS） 无稳定平台，加速度计和陀螺仪与载体直接相连；载体转动时，加速度计和陀螺仪的敏感轴指向也跟随转动；陀螺仪用于测量载体角运动，计算载体姿态角，从而确定加速度计敏感轴指向；再通过坐标变换，将加速度计输出的信号变换到导航坐标系上，进行导航计算，如图4-28所示。由于其具有结构简单、体积小、重量轻、成本低、可靠性好、功能强、精度高以及使用灵活等优点，已经成为当今惯性导航系统发展的主流。其缺点是惯性元件直接装在载体上，环境恶劣，对元件要求较高；另外，坐标变换中计算量大。

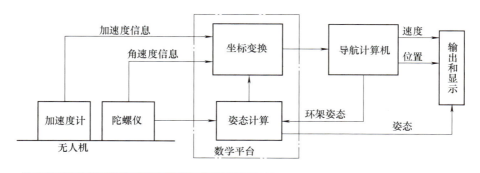

图 4-28　捷联式惯性导航系统原理

4. 捷联式惯性导航系统与平台式惯性导航系统的区别

◆　无惯性平台　捷联式惯性导航系统的陀螺仪和加速度计直接安装在飞行器上，使系统体积小、重量轻、成本低、维护方便。但陀螺仪和加速度计直接承受无人机的振动、冲击和角运动，因而会产生附加的动态误差，故对陀螺仪和加速度计要求更高。

◆　坐标变换　捷联式惯性导航系统需要用计算机将加速度计测得的无人机的载体坐标系的加速度信号变换到导航坐标系，再进行导航计算得出需要的导航参数（航向、地速、航行距离和地理位置等）。这种系统需要进行坐标变换，而且必须进行实时计算，因而要求计算机具有很高的运算速度和较大的容量。

5. 导航用坐标系

导航系统中常用到以下几种坐标系。

◆　地球坐标系（简称 e 系）　原点为地球中心，Z 轴指向地球极轴，X 轴通过零子午线。

◆　载体坐标系（简称 b 系）　原点为载体重心，Y 轴指向载体纵轴方向，Z 轴指向载体竖轴方向。

◆　平台坐标系（简称 p 系）　描述平台式惯性导航系统中平台指向的坐标系，它与平台固连。如果平台无误差，指向正确，则这样的平台坐标系称为理想平台坐标系。

◆　导航坐标系（简称 n 系）　惯性系统在求解导航参数时所采用的坐标系。通常，它与系统所在的位置有关，对平台式惯性导航系统来说，理想的平台坐标系就是导航坐标系。例如，指北系统的理想平台坐标系为地理坐标系，也是指北系统的导航坐标系；捷联式惯性导航系统导航参数并不在载体坐标系内求解，它必须将加速度计信号分解到某求解导航参数较为方便的坐标系内，再进行导航计算，这个坐标系就是导航坐标系。

4.4.2 全球卫星导航系统

全球卫星导航系统（Global Navigation Satellite System）也称全球导航卫星系统，是能在地球表面或近地空间的任何地点为用户提供全天候的三维坐标、速度和时间的空基无线电导航定位系统。目前，常用的有美国全球定位系统（GPS）、俄罗斯格洛纳斯（GLONASS）、欧盟伽利略（GALILEO）和中国北斗卫星（BDS）四大卫星导航系统。GPS 卫星导航系统是现阶段技术最完善的卫星导航系统。近年来 BDS、GLONASS 卫星导航系统发展迅速，尤其是 BDS 卫星导航系统在民用领域发展越来越快。卫星导航系统已经在航空、航海、通信、人员跟踪、消费娱乐、测绘、授时、车辆监控管理和汽车导航与信息服务等方面广泛应用，而且总的发展趋势是为实时应用提供高精度服务。

全球卫星导航系统

1. 全球定位系统

全球定位系统（Global Positioning System，GPS）是 1974 年由美国海陆空三军联合研制的新一代空间卫星导航定位系统，为陆、海、空三大领域提供实时、全天候和全球性的导航服务，并用于情报收集、核爆监测和应急通信等一些军事目的。该系统的建立经历了方案论证和初步设计（1974—1978 年）、全面研制和试验（1979—1987 年）、实用组网（1988—1993 年）三个阶段，耗资 300 亿美元。到 1994 年 3 月，全球覆盖率高达 98% 的 24 颗 GPS 卫星星座已布设完成。

◆ 组成　GPS 由空间部分、地面控制部分和用户设备部分组成，如图 4-29 所示。

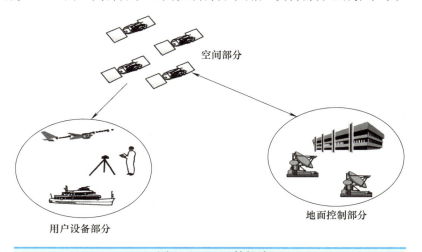

图 4-29　GPS 的组成

1）空间部分：由 21 颗工作卫星和 3 颗备用卫星共 24 颗卫星组成。这些卫星位于距地表 20200km 的上空，均匀分布在 6 个轨道面上，每个轨道面上分布 4 颗卫星，轨道倾角为 55°，如图 4-30 所示。每颗卫星运行周期为 11h58 min，在地球上任何地方都可以同时观测到 4 ～ 11 颗高度角为 15° 以上的卫星。

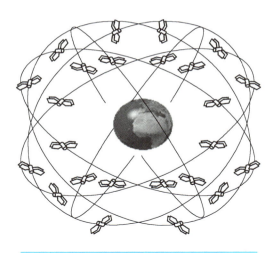

图 4-30　空间部分的组成

2）地面控制部分：由 1 个主控站、3 个注入站和 5 个监测站组成。主控站位于美国科罗拉多斯普林斯，3 个注入站分别位于南大西洋的阿森松岛、印度洋的迭戈伽西亚和南太平洋的卡瓦加兰，5 个监测站位于 1 个主控站、3 个注入站和夏威夷岛，如图 4-31 所示。各组成部分的主要作用如下：

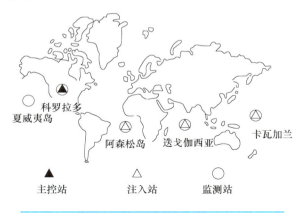

图 4-31　地面站分布

① 主控站是地面监控系统的调度指挥中心，主要设备为大型电子计算机。其作用是根据各监测站传送来的观测数据计算出各卫星的星历、状态数据和卫星钟的改正参数等，并将这些数据编制成导航电文通过注入站注入到卫星中去；计算各监测站、卫星的原子钟与主控站的原子钟的钟差，并把这些钟差信息编写成导航电文，为系统提供统一的时间基准；对卫星进行控制，向卫星发布指令，当工作卫星出现故障时，调度备用卫星替代失效的工作卫星工作。

② 注入站是在主控站的控制下，将主控站编制的导航电文和其他控制指令注入相应卫星中，并且监测注入信息的正确性。

③ 监测站自动完成数据采集，并将所有数据通过计算机进行存储和初步处理，传送到

主控站，用于编制卫星导航电文。

④ 分别采用 GPS 接收机对卫星进行连续观测，监控卫星工作状态；使用高精度原子钟来提供时间标准；利用气象数据传感器收集当地的气象资料。

3）用户设备部分：包括天线、接收机、微处理器、控制显示设备、软件等，通称为 GPS 接收机。其主要功能是捕获跟踪的卫星信号，测量接收天线至卫星的伪距离和距离的变化率，并解调出卫星轨道参数等数据。根据这些数据，接收机中的微处理计算机进行定位计算，计算出用户所在经纬度、高度、速度、时间等地理位置的信息。

◆ 原理　GPS 的基本原理是以测量出卫星到用户接收机之间的距离为基础，然后结合多颗卫星的数据计算出接收机的具体位置。若卫星时钟与用户时钟同步，测出传播延时 τ，依据式（4-15）就可以算出卫星到用户间的距离 r，即

$$r = c\tau \tag{4-15}$$

式中　c——无线电波传播速度，即光速，约为 3×10^8 m/s。

实际卫星时钟与用户时钟不可能同步，存在时间差 Δt，这时测到的传播延时为 $\tau + \Delta t$，距离 ρ 为伪距离，其计算公式为

$$\rho = c(\tau + \Delta t) = c\tau + c\Delta t = r + c\Delta t \tag{4-16}$$

卫星时钟一般为精密的原子钟，而用户时钟一般为精度较差的石英钟，此时用户到第 i 颗卫星的伪距离为

$$\begin{aligned} \rho_i &= r_i + c\Delta t \\ &= \sqrt{(X - X_i)^2 + (Y - Y_i)^2 + (Z - Z_i)^2} + c\Delta t \end{aligned} \tag{4-17}$$

式中　X、Y、Z——用户在地球坐标系中的位置坐标；

X_i、Y_i、Z_i——第 i 颗卫星在地球坐标系中的位置坐标。

卫星的位置坐标（X_i、Y_i、Z_i）可以根据星载时钟所记录的时间在卫星星历中查出。式（4-17）中有四个未知量，即 X、Y、Z 和 Δt，必须用 4 个方程才能解出这 4 个未知数。所以如果想知道接收机所处的位置（X、Y、Z），至少要测到 4 个卫星的伪距离。

通过测量电波载频的多普勒频移而获得伪距离变化率 $\dot{\rho}_i$，从而可建立方程，即

$$\dot{\rho}_i = \frac{(X - X_i)(\dot{X} - \dot{X}_i) + (Y - Y_i)(\dot{Y} - \dot{Y}_i) + (Z - Z_i)(\dot{Z} - \dot{Z}_i)}{\sqrt{(X - X_i)^2 + (Y - Y_i)^2 + (Z - Z_i)^2}} \tag{4-18}$$

式中　$\dot{X}$、$\dot{Y}$、$\dot{Z}$——用户在地球坐标系中的速度坐标；

$\dot{X}_i$、$\dot{Y}_i$、$\dot{Z}_i$——第 i 颗卫星在地球坐标系中的速度坐标。

当用户接收到导航电文时，从中提取出卫星时间并将其与自己的时钟做对比便可得知

卫星与用户间的伪距离，再利用导航电文中的卫星星历数据推算出卫星发射电文时所处的位置（X_i、Y_i、Z_i），依据式（4-17）和式（4-18）可计算出用户在地球坐标系中的位置、速度和时间。

◆ **分类** 按定位方式，GPS 定位分为单点定位和相对定位（差分定位）。单点定位就是根据一台接收机的观测数据来确定接收机位置，如图 4-32 所示。它只能测量伪距离，可用于车船等的粗略导航定位。

由于单点定位可连续地测定卫星至用户间的伪距离，所以可获得充分的多余观测量，相应地可提高定位精度。但是，单点定位并没有其他观测站的同步测量数据可比较，大气折射、卫星时钟差等误差就无法通过同步观测量的线性组合加以消除或削弱，只能依靠相应的模型来修正。

相对定位是根据两台或两台以上接收机的测量数据来确定观测点之间的相对位置的方法，如图 4-33 所示。相对定位利用这些观测量的不同组合进行相对定位，便可有效地消除或削弱上述误差的影响，从而提高定位的精度。该方法广泛应用于大地测量、精密工程测量、地球动力学研究等领域。它既可采用伪距离观测量也可采用相位观测量，大地测量或工程测量均应采用相位观测值进行相对定位。

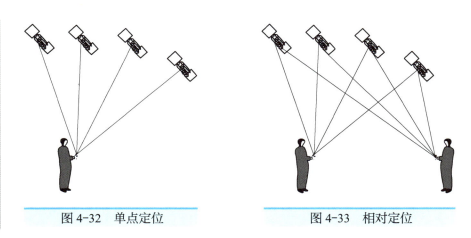

图 4-32　单点定位　　　　　图 4-33　相对定位

上述定位方法都属于 GPS 静态定位。当用户接收机被安装在运动的载体上时，确定运动载体瞬时位置的定位方法称为动态定位。根据定位方式，动态定位也分为单点定位和相对定位。由于单点定位精度较低，一般广泛应用于实时测定车辆、船舶和无人机等运动载体的位置、速度和时间等参数，进而实现载体的定位和导航。

动态相对定位是指将一台接收机安装在基准站上固定不动，将另一台接收机安装在运动的载体上（流动站），两台接收机同步观测相同的卫星，以确定运动点相对基准站的位置，如图 4-34 所示。动态相对定位不但可以得到静态相对定位那样的定位精度，同时可以借助于差分定位（DGPS）及载波相位动态实时差分方法（RTK），进一步提高定位精度。

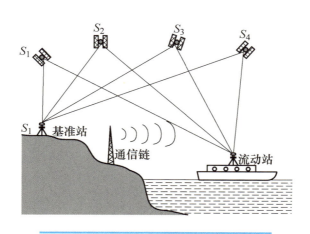

图 4-34 动态相对定位

◆ 特点

1) 定位精度高，速度快。实践证明，在 50km 以内基线上，GPS 相对定位的精度可达 6～10m；在 100～500km 基线上，可达 7～10m，在 1000km 基线上，可达 9～10m。

随着 GPS 硬件和软件的不断发展，观测时间进一步缩短，作业速度快速提高。20km 以内的静态相对定位仅需 14～20min，15km 以内的快速静态相对定位流动站观测时间仅需 1～2min，而动态相对定位中流动站出发时观测 1～2min 即可随时定位，每站观测时间只需几秒，因而使用 GPS 技术建立控制网可以大大提高作业效率。

2) 全球全天候定位。数目较多且分布均匀的 GPS 卫星，保证了地球上任何地方任何时间至少可以同时观测到 4 颗 GPS 卫星，使 GPS 可以实现全球全天候连续的作业（除打雷闪电天气不宜观测外）。

3) 观测站间无需通视。GPS 测量只要求观测站上空开阔，卫星信号不受干扰，并不要求观测站之间互相通视，因而不再需要建造价格昂贵又易损坏的觇标。这一优点既可大大减少测量工作的经费和时间，同时使选点工作变得非常灵活，也可省去经典大地测量中的传算点、过渡点的测量工作。

4) 提供全球统一的地球坐标系。GPS 不但可同时精确测定观测站平面位置和大地高度，而且 GPS 定位是在全球统一的地球坐标系中计算，可获得全球不同地点的相互关联的测量结果。

5) 操作简便。随着 GPS 接收机的不断改进，GPS 测量的自动化程度越来越高，有的已趋于"傻瓜化"。在观测中测量员只需安装仪器、连接电缆线、量取天线高、监视仪器的工作状态，而卫星的捕获、跟踪观测和记录等其他观测工作均由仪器自动完成。结束测量时，测量员仅需关闭电源，收好接收机，便完成了野外数据采集任务。如果在一个观测站上需做长时间的连续观测，还可以通过数据通信方式，将所采集的数据传送到数据处理中心，实现全自动化的数据采集与处理。另外，接收机体积也越来越小，重量越来越轻。以上这些都大大地减轻了测量工作者的劳动强度。

2. 格洛纳斯卫星导航系统

格洛纳斯卫星导航系统（GLONASS，俄语 GLObalnaya NAvigatsionnaya Sputnikovaya Sistema 的缩写）。1976 年，苏联开始研制 GLONASS，GLONASS 测试工作开始于 1982 年 10 月 12 日苏联发射第一颗试验卫星，整个测试计划分基本性能测试（1982—1990 年）和用户设备测试（1990—1995 年）两个阶段完成。1993 年之后，由俄罗斯独自建立本国的全球卫星导航系统。1995 年，俄罗斯投资 30 多亿美元完成了 GLONASS 导航卫星星座的组网工作。它也由 24 颗卫星组成，原理和方案都与 GPS 类似。只不过，这 24 颗卫星分布在 3 个轨道平面上，每个轨道平面上分布 8 颗卫星，轨道倾角为 64.8°，轨道平面两两相隔 120°，同平面内的卫星之间相隔 45°，如图 4-35 所示。每颗卫星都在 19100km 高的轨道上运行，周期为 11h15min。

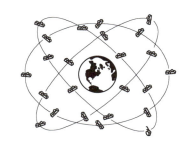

图 4-35　GLONASS 卫星星座

GLONASS 也由空间卫星系统（即空间部分）、地面监测与控制子系统（即地面控制部分）、用户设备（即用户接收设备）三个基本部分组成。该系统于 2007 年开始在俄罗斯境内运行。2009 年，其服务范围才拓展到全球，2011 年 1 月 1 日在全球正式运行。根据 2012 年 10 月 10 日俄罗斯联邦太空署信息中心提供的数据，该系统有 30 颗卫星，其中 24 颗卫星正常工作，3 颗在维修中，3 颗备用，1 颗在测试中。

GLONASS 与 GPS 一样可为全球海陆空以及近地空间的各种军民用户全天候连续地提供高精度的位置、速度和时间信息。这使该系统不但被广泛应用于军用领域，而且在大地和海洋测绘、地质勘探、石油开发、地震预报、邮电通信、地面交通管理等民用领域的应用也越来越多。GLONASS 的出现为全球用户提供了更多的选择。

当然，GLONASS 与 GPS 也有许多不同之处，主要有如下三方面。

◆ 卫星发射频率不同　GPS 的卫星信号采用码分多址体制，每颗卫星的信号频率和调制方式相同，用不同的伪码区分不同卫星的信号。而 GLONASS 采用频分多址体制，靠不同频率来区分卫星，但每组频率的伪随机码相同。由于卫星发射的载波频率不同，GLONASS 卫星导航系统具有更强的抗干扰能力。

◆ 坐标系不同　GPS 使用地球坐标系（WGS-84），而 GLONASS 使用苏联地心坐标系（PE-90）。

◆ 时间标准不同　GPS 与世界协调时间相关联，而 GLONASS 则与莫斯科标准时间相关联。

3. 伽利略卫星导航系统

伽利略卫星导航系统（Galileo satellite navigation system，简称 Galileo，意大利语）是由欧盟研制和建立的全球卫星导航定位系统。

伽利略卫星导航系统主要由空间段、地面段和用户段三部分组成。空间段由分布在3个轨道上的30颗中等高度轨道卫星构成，每个轨道面上有10颗卫星，其中9颗正常工作，1颗备用；轨道面倾角为56°，卫星轨道高度为23616km，运行周期是14h4min。地面段包括全球地面控制段、全球地面任务段、全球域网、导航管理中心、地面支持设施和地面管理机构。用户段主要是多用途和兼容性的用户接收机及其等同产品。

伽利略卫星导航系统的主要特点有如下三方面。

◆ **民用为主** 伽利略卫星导航系统第一个由民间开发、主要为民服务的新一代全球卫星导航系统，实现了完全非军方控制和管理，可以进行覆盖全球的导航和定位功能。

◆ **精度高** 精度为1m。

◆ **功能强大，服务多** 除了全球导航定位功能外，伽利略卫星导航系统还有全球搜索救援功能，并可向用户提供公开、安全、商业、政府等不同模式的服务。

尽管伽利略卫星导航系统计划的预想目标很先进，但是由于资金投入问题使计划的执行出现了延迟。2011年"伽利略"第一颗和第二颗卫星首发成功，2012年10月发射了第三颗和第四颗卫星，太空中已有4颗正式的伽利略卫星组成的网络系统，发挥着精确的地面定位功能。到2016年12月15日，伽利略卫星导航系统投入使用，比原计划延迟了8年。截至2021年12月5日，已经发射了28颗卫星，全部30颗卫星计划于2022年发射完毕。

伽利略卫星导航系统的建立不仅使欧洲在经济、政治、技术上摆脱了对美国的过分依赖，还为欧洲的产业界创造了一个新的、巨大的全球卫星导航市场。中国也于2003年9月参与伽利略卫星导航系统计划，就卫星的制造和发射、无线电传播环境实验、地面系统、接收机标准等领域开展广泛合作。随后，以色列、乌克兰、印度、韩国、阿根廷、澳大利亚、巴西、加拿大、智利、日本、马来西亚、墨西哥、挪威、巴基斯坦、俄罗斯等国家，纷纷加入了伽利略卫星导航系统计划。

4．中国北斗卫星导航系统

北斗卫星导航系统（BeiDou Navigation Satellite System，BDS）是我国自行研制，为全球用户提供全天候、全天时、高精度的定位、导航和授时服务的全球卫星导航系统，坚持"自主、开放、兼容、渐进"的建设原则，为全球用户服务。

北斗卫星导航系统由空间段、地面段和用户段三部分组成。空间段由35颗卫星组成，包括5颗静止轨道卫星、27颗中圆地球轨道卫星、3颗倾斜同步轨道卫星。5颗静止轨道卫星有其定点位置，中圆地球轨道卫星运行在3个轨道面上，轨道面之间为相隔120°均匀分布。地面段包括主控站、时间同步注入站和监测站等若干地面站及星间链路运行管理设施。用户段包括北斗兼容其他卫星导航系统的芯片、模块、天线等基础产品、终端产品、应用系统与应用服务等。

根据系统建设总体规划，北斗卫星导航系统分三个阶段进行建设。

◆ **北斗一号系统建设阶段** 用少量地球同步卫星来完成试验任务，为北斗卫星导航系统建设积累技术经验、培养人才，研制一些地面应用基础设施设备等。2000年，建成北斗导航试验系统，使我国成为继美、俄之后的世界上第三个拥有自主卫星导航系统的国家。该系统已成功应用于测绘、电信、水利、渔业、交通运输、森林防火、减灾救灾、公共安全等领域，产生了显著的经济效益和社会效益，特别是在2008年北京奥运会、汶川抗震救灾中发挥了重要作用。

◆ 北斗二号系统建设阶段　2012年12月27日，北斗二号系统正式对亚太地区提供定位、测速、授时和短报文通信服务。

◆ 北斗三号系统建设阶段　2014年11月23日，北斗卫星导航系统正式成为全球无线电导航系统的组成部分，取得面向海事应用的国际合法地位。2017年11月5日，中国第三代导航卫星——北斗三号的首批组网卫星（2颗）顺利升空，它标志着中国正式开始建造"北斗"全球卫星导航系统。2018年底，北斗三号基本系统建成并提供全球服务，在轨工作卫星33颗。2020年7月31日，北斗三号全球卫星导航系统建成并正式开通。运行一年多以来，该系统稳定，为全球用户提供了持续优质服务。

实践证明，北斗卫星导航系统信号质量总体上与GPS相当。在45°以内的中低纬度地区，北斗卫星动态定位精度与GPS相当，水平和高程方向的定位精度分别可达10m和20m左右；北斗卫星静态定位水平方向精度为m级，也与GPS相当，高程方向的定位精度为10m左右，较GPS略差；在中高纬度地区，由于北斗卫星导航系统可见卫星数较少、卫星分布较差，定位精度较差或无法定位。

北斗卫星导航系统具有以下三方面特点。

1）空间段采用三种轨道卫星组成的混合星座，与其他卫星导航系统相比，高轨卫星更多，抗遮挡能力强，尤其低纬度地区性能特点更为明显。

2）提供多个频点的导航信号，能够通过多频信号组合使用等方式提高服务精度。

3）创新融合了导航与通信能力，具有实时导航、快速定位、精确授时、位置报告和短报文通信服务五大功能。

4.4.3　组合导航系统

目前常用的导航系统除了惯性导航系统和全球卫星导航系统外，还有天文（CNS）、多普勒（DNS）、罗兰-C（Loran-C）、地形匹配（TAN）等导航系统，它们都有其各自优点和缺点。组合导航技术是一种崭新的导航技术，它综合两个或两个以上导航传感器的信息，使它们优势互补，以提高整个系统的导航性能，来满足各类用户的多种需求。

组合导航系统是指两种或两种以上不同的导航设备以适当的方式组合在一起，利用其性能上的互补特性以获得比单一导航系统更高的导航性能。

目前，大多数组合导航系统以惯导导航系统为主，例如GPS/惯性组合导航系统、多普勒/惯性组合导航系统、天文/惯性组合导航系统，其主要原因是由于惯导导航系统除了能够提供比较多的导航参数外，还能够提供全姿态信息参数，这是其他导航系统所不能比拟的。组合导航系统倍受青睐的是GPS与INS的组合，这不仅因为两者都是全球、全天候、全时间的导航设备，而且它们都能提供十分完全的导航数据。两者优势互补并能消除各自的缺点，使 GPS/INS 的应用越来越广泛。随着应用领域的拓展和使用要求的变化，当今和将来的不少应用场合，两种系统的组合显得力不从心，尤其是对非卫星拥有国，过分地依赖于它是极不明智的。所以，在 20 世纪 80 年代出现了多于两种导航设备组合的多传感器组合导航系统。因此，本书重点介绍 GPS/INS 和多传感器组合两种组合导航系统。

1. GPS/INS

惯性导航系统（INS）是一种自主式导航系统，除了能提供载体的位置和速度信息，还能给出航向和姿态角，具有数据更新率高及短期精度和稳定性好的优点，广泛应用于军事与民用导航领域。但是，当惯性导航系统单独使用时存在着定位误差随时间积累和每次使用之前初始对准时间较长等缺点。

全球卫星导航系统（GPS）是一种星座无线电导航和定位系统，能为世界上海陆空的用户，全天候、全时间、连续地提供精确的三维位置、三维速度及时间信息。但是它却存在动态响应能力较差、易受电子干扰影响、信号易被遮挡和完善性较差等缺点。

将 INS 的短期高精度性能特性与 GPS 的长期高精度性能特性有机地结合起来，组合后的系统导航性能比任何单一系统都有很大提高。经 GPS 校准的惯性导航系统在 GPS 信号中断期间的误差增长速率显然要比没有经 GPS 校准、自由状态下惯性导航系统的误差增长速率低；另外，GPS 数据对惯性导航系统的辅助作用，可使惯性导航系统在运动中进行初始对准（在无人机上叫作空中对准），提高了快速反应能力。当机动、干扰或遮挡使 GPS 信号丢失时，惯性导航系统对 GPS 的辅助能够帮助接收机快捷地重新捕获 GPS 信号；同时，惯性导航系统对 GPS 的速率辅助，还可使 GPS 接收机跟踪环路的带宽取得很窄，这很好地解决了动态与干扰这一对矛盾。众所周知，当接收机的带宽取得很宽时，其动态响应能力固然很好，但抗干扰的性能却很差；若带宽取得很窄，抗干扰性能提高，而动态响应能力却变差了。用惯性导航系统的速度数据对 GPS 进行辅助，可很好地解决这一矛盾。

可见，INS 与 GPS 的组合确实起到了优势互补的作用。然而，组合效果的优劣却与组合结构和组合算法有关，下面就来讨论这两个问题。

◆ **组合结构** GPS/INS 组合的三种功能结构分别是非耦合方式、松耦合方式和紧耦合方式，如图 4-36 所示。

由图 4-36a 可见，GPS 用户设备和 INS 两系统独立工作，功能互不耦合，数据单向流动，没有反馈，组合导航数据是由外部组合处理器产生的。外部处理器可以像一个选择开关那样简单，也可以用多工作模式卡尔曼滤波器来实现。非耦合方式具有以下 4 个特点。

1）尽管可把全部的硬件设备装在一个实体的组合单元内，但 GPS 和 INS 在功能上却仍然是独立的。

2）INS 和 GPS 均可用，这是最易实现、最快捷和最经济的组合方式。

3）由于有系统的冗余度，对故障有一定的承受能力。

4）采用简单选择算法实现的处理器，能在航路导航中提供不低于惯性导航系统给出的精度。

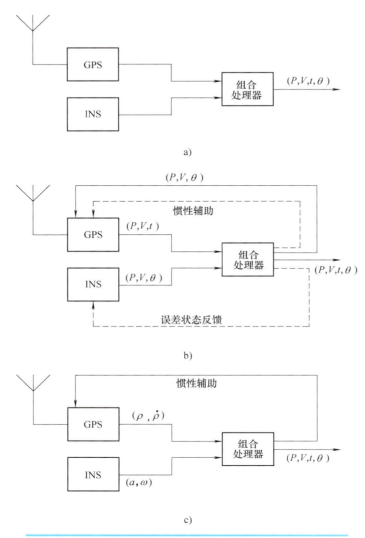

图 4-36 GPS/INS 组合结构
a）非耦合方式　b）松耦合方式　c）紧耦合方式

与非耦合方式不同，在松耦合方式中，组合处理器与 GPS 及 INS 设备之间存在着三个反馈，依次是系统导航解至 GPS 用户设备的反馈、对 GPS 跟踪环路的惯性辅助及至 INS 的误差状态反馈，如图 4-36b 所示。

有了系统导航解至 GPS 接收机的反馈，使在 GPS 接收机内的导航滤波器能够用系统导航解来校正系统导航解。在一个短时间内，导航解是很精确的，因为这时组合系统包含了高精度的惯性导航系统加速度信息。在较低的动态和较低的处理噪声的不确定性情况下，滤波器可以使用一个大的时间常数（滤波器存储器）工作，从而增加每个有噪声的 GPS

测量的有效范围，进一步提高导航精度。

由于对 GPS 跟踪环路的惯性辅助能够减小用户设备的码环和载波环所跟踪的载体动态，所以大大提高了 GPS 导航解的可用性。并且，允许码环及载波环的带宽取得较窄，以保证有足够动态特性下的抗干扰能力。

大多数 INS 都具有接受外部输入的手段，用以重调其位置和速度解以及对稳定平台进行对准的调整。在 GPS/INS 组合导航系统中，存在向 INS 的误差状态反馈。这样，在 GPS/SINS 中可采用数学校正方式进行误差状态反馈，而在 GPS/GINS 中则用施加的力矩（简称施矩）来实现误差状态反馈。

紧耦合方式与松耦合方式的不同之处在于，GPS 接收机和 INS 不再是独立的导航系统，而仅仅是一个传感器，它们分别提供伪距离 ρ 和伪距离变化率 $\dot{\rho}$ 以及加速度 a 和角速度 ω，如图 4-36c 所示。两种传感器的输出是在一个以高阶组合滤波器实现的导航处理器内进行组合的。

在紧耦合方式中，只有从导航处理器向 GPS 跟踪环路进行速率辅助这一种反馈。在松耦合结构中出现的其余的反馈此处并不需要，因为涉及导航处理的所有计算都已在处理器内部完成。此时，GPS 和 INS 共同拥有一个机箱，结构紧凑。

◆ 组合算法　有选择算法和滤波算法两种基本的组合算法。在采用选择算法的情况下，只要 GPS 用户设备指示的解在其可接受的精度范围内，就选取 GPS 指示的 PVT 作为系统的导航解。当要求的输出速率高于 GPS 用户设备所能提供的速率时，可在 GPS 相继更新两次数据之间以 INS 的数据进行内插。在 GPS 信号中断期间，INS 解自 GPS 最近一次有效解起进行外推。

这时所采用的是利用上一时刻的估计以及实时得到的测量进行实时估计的卡尔曼滤波算法。由于该算法能以线性递推的方式来估计组合导航的状态，所以便于计算机实现。

状态参数通常不能直接测得，但能从有关的可测的量值中推算出来。这些测量值可以在一串离散时间点连续得到，也可以依时序取得，而滤波器则是对测量的统计特性进行综合。最常用的滤波器是线性滤波器。在这种滤波器中，修正的状态是当前的测量值和先前状态值的线性加权和。位置和速度是滤波器中常选的状态参数，通常称之为全值滤波状态参数。对于全值位置和速度状态而言，传播方程也就是无人机的运动方程。为了使全值滤波器传播方程能较好地反映实际情况，还应加上加速度状态参数。例如，GPS 指示的位置和速度是观测量，它们要通过全值状态的组合滤波器进行处理。在极端情况下，组合滤波器可能仅仅给出 GPS 接收机的位置数据，并将它当作组合后的位置。这种简化的情形就是上面提到的选择方式。在这种方式下，状态传播方程和任何其他可用的观测量都不予以考虑。对简化的情形，GPS 用户设备位置的权值等于 1，传播状态的权值等于 0。通常把测量的权值叫作滤波器增益。

另一种选择的状态参数则是 INS 指示的位置和速度误差（称为误差状态）。对于状态参数为 INS 误差的滤波器，传播方程的精确表达式及线性近似式都是已知的。如同全值状态那样，为了使传播方程能更好地模拟实际情况，在滤波器中，还可加上惯性导航系统的一些误差状态参数，如方位顺斜误差、加速度偏置和陀螺漂移等。当然，需反映实际情况的准确程度与要求的估计精度有关。

在以 INS 误差状态实现的 GPS/INS 组合滤波器中，观测量实际上就是 GPS 位置与 INS 组合位置之差以及 GPS 速度与 INS 速度之差。如同全值状态的情形那样，当计算状态更新时，须确定测量的增益和传播状态的权值。

2. 多传感器组合导航系统

多传感器组合导航系统是指传感器数目多于两个的组合导航系统，GPS/INS/Loran-C、GPS/Glonass/INS、GPS/JTIDS/INS 等都是其应用的实例。在不少应用场合，传感器数目可能大于等于 4 个，如 GPS/INS/DNS/Loran-C 和 GPS/INS/JTIDS/TAN/SAR 等。这里 SAR 是合成孔径雷达，TAN 是地形辅助导航，JTIDS 是联合战术信息分发系统。

与一般的双传感器组合系统相比，多传感器组合导航系统的状态变量和观测量的总数要多得多，以致传统的集中化卡尔曼滤波器因存在两大难题而不再适用。一大难题是计算负担过重，假想所有传感器测量数据总数为 m、状态变量为 n，则滤波器一个周期的计算量将与 n^3+mn^2 成正比。多传感器的使用必然会带来滤波器状态和测量的双重增加，故使计算量大大增加，这对于有一个或若干个传感器需进行高速处理的情况，问题就显得尤为严重。第二大难题是容错能力差，因为任一个传感器上未被检测出的错误会被传播到全部导航状态和传感器偏差估计中去。为减少在一个滤波器中过大的计算量，有人曾提出两级级联的滤波结构，但在某些应用场合会出现精度变差或稳定性问题。

20 世纪 80 年代出现的分块估计、两步级联的分散式卡尔曼滤波结构，是卡尔曼滤波技术的一大进展，它恰好能满足多传感器组合导航系统的要求。图 4-37 所示为联合滤波结构框图。

外部传感器 GPS、DNS、Loran-C 及公共系统（即 INS）分别在四个局部滤波器输出局部最优的估计结果，主滤波器依次处理和综合所有的局部输出，给出全局最优的状态估计。由图 4-37 可见，作为公共系统的 INS 为每个局部滤波器及主滤波器提供共享信息；每个外部传感器与 INS 组合的局部滤波器事实上与传统意义上的卡尔曼滤波器没有多大的区别。联合滤波结构有多种工作模式，而每种工作模式各有其独特的性能特点，可根据用户对估计精度、实时处理能力、故障检测与隔离以及容错水平的实际要求，选择适宜的工作模式。

分块估计、两步级联联合滤波结构的实现是以平行滤波技术和信息共享原理为基础的，具有潜在的实时性好、容错性强和精度高的优点。此外，因为它有多种工作模式，故适变性强，可适于各种应用场合。实际上，可把联合滤波结构分成两大类：一类是最优滤波器，其主滤波器进行估计后需向局部滤波器反馈；另一类是次优滤波器，它没有从主滤波器向局部滤波器的反馈。前者能以较高的更新速率获得很高的导航精度，而后者的容错性能特别优异。也就是说,当某一局部传感器发生故障时,系统就立即剔除它所给出的数据而不影响其余传感器间的组合,一旦该传感器恢复正常,它又能参与到组合中去。

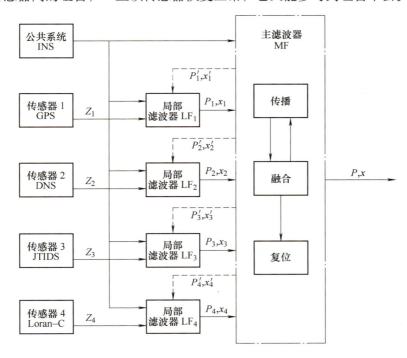

图 4-37　联合滤波结构框图

目前,促进多传感器组合系统开发研究的直接原因是 GPS 在美国国防部的控制之下,这使世界各国的各类用户,尤其是军事用户,在使用 GPS 或 GPS/INS 组合系统时心怀疑虑。多传感器组合导航系统的出现,将会摆脱过分依赖于 GPS 的弊端。

在未来高科技的战争中,由于自主性、快速反应和集成协同作战的迫切要求及经常会凭借地形掩蔽,实施出其不意、低空突防的军事行动,必然会采用多传感器组合导航系统。因此,未来多传感器组合导航系统很可能由 GPS、INS、TAN、SAR 和 JTIDS 构成,军用飞机都将装备这种类型的多传感器组合系统。

思考题

1. 无人机上常使用的传感器有哪些?各有什么作用?
2. 简述飞控系统的部件组成。
3. 常用的导航系统有哪些?
4. 舵机主体结构主要由几部分组成?
5. 导航飞控系统的基本功能是什么?

6. 按调节规律，把飞控系统分为哪些类型？
7. 目前市场上主流的飞控板主要有哪些？其中开源飞控板有哪些？
8. 简述压电式 MEMS 加速度计的工作原理。
9. 从结构上来说，惯性导航系统可分为哪几种？它们之间的主要区别是什么？
10. 常用全球卫星导航系统有哪些？
11. GPS 系统由哪几部分组成？
12. 简述 GLONASS 与 GPS 的不同之处。
13. 目前，大多数组合导航系统以哪个导航系统为主？

考证训练

1. 不属于无人机飞控计算机任务范畴的是（　　）。
   A. 数据中继　　　　　　　　　　B. 姿态稳定与控制
   C. 飞行控制　　　　　　　　　　D. 航迹控制
2. 无人机通过控制面和发动机油门（　　）来实现无人机控制。
   A. 伺服执行机构　　　　　　　　B. 操纵杆
   C. 脚蹬　　　　　　　　　　　　D. 变距杆
3. 以下不是导航飞控系统组成部分的是（　　）。
   A. 传感器　　B. 电台　　C. 执行机构　　D. 机载计算机
4. （　　）是无人机完成起飞、空中飞行、执行任务、返场回收等整个飞行过程的核心系统，对无人机实现全权控制与管理，因此该系统之于无人机相当于驾驶员之于有人机，是无人机执行任务的关键。
   A. 飞控计算机　　B. 飞控子系统　　C. 导航子系统　　D. 地面站
5. 飞行控制是指采用（　　）对无人机在空中整个飞行过程的控制。
   A. 遥感方式　　B. 遥测方式　　C. 遥控方式　　D. 程控方式
6. （　　）是飞行控制的方式之一。
   A. 陀螺控制　　B. 指令控制　　C. 载荷控制　　D. 惯导控制
7. 目前多旋翼无人机飞控市场上的 APM 飞控特点是（　　）。
   A. 可以应用于各种特种无人机　　B. 基于 Android 开发
   C. 配有地面站软件，代码开源　　D. 调试简单
8. 多旋翼无人机 GPS 定位中，最少达到（　　）颗星，才能够在飞行中保证基本的安全。
   A. 2～3　　B. 4～5　　C. 6～7　　D. 7～8
9. 惯导（INS）的主要缺点是（　　）。
   A. 漂移　　B. 不受干扰　　C. 全天候　　D. 隐蔽性好
10. 飞控板上的陀螺仪用来测量（　　）。
    A. 无人机角速度或无人机姿态　　B. 无人机角速率或无人机姿态角
    C. 无人机角速度或无人机姿态角　　D. 无人机加速度或无人机姿态角

第 5 章 无人机其他系统

无人机 结构与系统

学习导引

无人机结合行业应用，搭载不同的任务载荷，实现无人机功能的最大化。除动力系统外，无人机顺利执行各种任务仍需电气系统、控制站、通信系统、任务设备等提供辅助支持。本章将详细介绍无人机其他的必不可少的系统，有助于更清晰地了解无人机的结构与系统。

学习目标

1. 了解无人机其他系统的作用；
2. 掌握无人机电气系统的组成及其各部分的作用；
3. 了解无人机常用搭载相机的种类；
4. 掌握可见光相机和红外相机的结构组成及工作原理；
5. 掌握无人机云台系统的结构及工作原理；
6. 掌握无人机控制站的组成及其作用；
7. 了解无人机通信链路的关键技术；
8. 掌握无人机通信系统的组成及其作用。

5.1 电气系统

在无人机的应用中，涉及的动力、测控、飞行控制与管理、导航、任务设备等相关系统都需要使用各种形式的能源。为了使无人机上各个系统和设备正常工作，完成预定的功能要求，就需要一整套的电气控制系统。无人机的工作状态与电气系统有着密切的关系。因此，电气系统是无人机系统的一个重要组成部分，它的工作状态及运行直接影响无人机和全系统的正常工作。

根据国家标准对无人机电气系统的要求，其正常工作应该满足以下要求：

1）在无人机要求的工作条件下，电气系统应该能够可靠地将稳定的电能输送给相应的用电设备。

2）在个别部件发生故障时，局部线路断开或者短路时，电气系统的其他部分不受影响，继续保持正常工作。

3）在应急状态下应该保证应急用电设备的供电质量。

5.1.1 电气系统的组成

无人机电气系统一般由电源、配电系统、用电设备三大部分组成，其中电源和配电系统统称为供电系统。供电系统的作用是向无人机各个系统或设备提供满足预定设计要求的电能。

配电系统应将电能可靠而有效地输送到各用电系统和设备。可靠有效就是指用电设备获得稳定持续的电压。配电系统由传输电线和控制与保护装置组成。对于重要的系统或设备，还应设有多路独立的供电装置。当配电系统中发生局部性的故障时，不能影响未发生故障的部分，更不能危及无人机的安全。

用电设备主要包括动力设备、监测设备、任务设备、控制设备、通信设备等，具体有飞控计算机、传感器、测控设备、回收设备、合成孔径雷达、光电平台、航空相机、自卫干扰设备等。

根据电气系统的位置，无人机电气系统又可以分为机载电气系统和地面供电系统两部分。

机载电气系统主要由主电源（或发动机起动电源）、应急电源、电气设备的控制与保护装置及辅助设备组成。

1. 电源

机载主电源主要是为小型无人机提供续航动力，同时为机载用电设备供电，要求满足比能量高、温度范围（尤其低温性能）宽、比功率高、工作时间长等性能要求，主要采用单独的镉镍电池、锌银电池、锂离子电池、锂硫电池、太阳能电池等。

发动机起动电源主要用于发动机地面起动或空中起动，要求能大倍率放电，放电能力达 10～30℃（尤其 -20℃或更低温度）下起动。

应急电源主要用于在发电机或发动机等故障时，维持飞行、着陆、安全控制等所必需的关键设备供电，要求具备一定的放电能力，关键是安全可靠。当然，起动电源和应急电源也可用同一电源。

起动电源和应急电源常采用镉镍电池、锌银电池、锂离子电池、锂硫电池、燃料电池等，常具备电池监测系统和电池管理系统（BMS）。电池监测系统主要适时地监测电池的电压、温度、容量等基本参数，确保各用电设备都在正常电压下安全工作。电池管理系统可以通过降低组件闲置时的能耗来节约能源，具有较好的信噪抑制比和顺势响应，可延长电池的寿命。现在无人机常用的是集成电源管理单元PMU，同时具备电池监测和管理功能，其集成化的特点有效地缩小了产品体积，利于搭载在小型无人机上。无人机机载电源的常用组成形式见表5-1。

无人机结构与系统

表 5-1 无人机机载电源常用的组成形式

类 别	组 成 形 式	应 用 方 向
主电源	1 台独立蓄电池组	小型无人机及其系统
起动电源或应急电源或不间断供电电源	1 台独立蓄电池组	中型或大型无人机及其系统
	1 台独立蓄电池组（内置监测系统）	
	1 台独立蓄电池组（内置管理系统）	
	1 台蓄电池组+1 台机载充电控制器	
起动-应急	2 台蓄电池组（相同，互为冗余）+1 台机载充电控制器	
	1 台独立蓄电池组（内部独立，内置监测系统）	
	1 台独立蓄电池组（内部独立，内置管理系统）	
起动-应急-不间断（内部独立）	1 台蓄电池组	
	1 台蓄电池组（内置监测系统）	
	1 台蓄电池组（内置管理系统）	

国外无人机电源基本上以混合体系居多，比如太阳能与锂离子电池或锂硫电池或燃料电池、发动机与蓄电池组合等，而小型无人机则以单独的锂离子电池或燃料电池居多。锂离子电池以其比能量高、工作电压高、自防效率低、循环寿命长等优越的特性，逐渐在航空领域大规模应用。为全面提高无人机机动性和生存能力，扩大活动范围，无人机也将向着小型化、微型化和高空长航时等方向发展。为适应无人机的工作环境需求，无人机用锂离子蓄电池应该向以下方向发展。

◆ 高比能量方向　比能量是指单位重量或单位体积的电池所能输出的能量，单位是 W·h/kg 或 W·h/L。

◆ 宽温度范围，大功率方向　执行不同业务的无人机在不同高度飞行时，由于大气层温度以海拔每上升 1km 降低 6℃ 的梯度降低，当无人机在 10km 高空时，空气温度可降至 −40℃。另外，当无人机在极寒地区起动时，对锂离子电池的低温性能也是一种严峻的考验。

◆ 电池管理方向　无人机空间体积有限，要求机载电池管理向轻量化、小型化发展。单体电池作为相同个体便于统一管理，可着重提高单体电池的一致性。

◆ 高安全可靠性方向　无人机在高空飞行时不具备可维修性，一旦在空中飞行时电池出现故障，存在经济损失或威胁他人生命的问题。

所以，无人机电源发展趋势及特征为低成本、高比能量、宽温度范围、大功率、不规则形状、高安全性、高性能控制器、混合能源等。无人机电源难点在于高比能量与低温大功率兼顾、低温容量保持率、热管理、控制器集成化、供配电智能化、小型化、轻型化、高安全可靠性等。

2. 配电系统

配电系统的主要作用是依据设备的用电要求，对电源系统的电能进行合理的分配和控制，其核心设备是配电控制器。配电系统按控制方式可分为集中控制方式、分散控制方式和集散控制方式，目前常用方式是分散控制方式和集散控制方式。为了满足用电设备的供电要求，起动发电机通过差动低限保护器接于主汇流条，蓄电池通过蓄电池接触器接于应急汇流条，两者之间接有阻断二极管，这可确保电流只能由主汇流条向应急汇流条流动，而蓄电池的电能不会反向流到主汇流条。配电控制器的工作原理如图 5-1 所示。

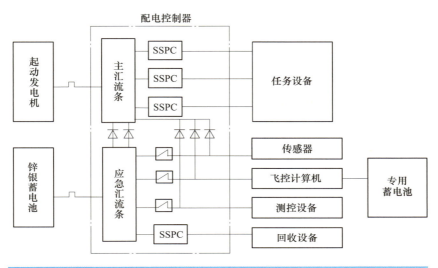

图 5-1　配电控制器的工作原理图

3．用电设备

在传统的无人机电源链中，一般由一台涡轮发电机提供三相交流电源，通过整流器转换为 270V 直流电源，再通过 DC/DC 转换器转换为 DC48V 电源或 DC28V 电源。无人机上的其他用电设备，包括雷达、照相机、GPS、飞控系统和数据传输链路等，每一个都需要一个 3.3V、5V 和 12V 等的电源电压，也通过 DC/DC 转换器由母线 DC48V 或 DC28V 转换提供。

整流器是电气系统中比较常见的设备，可以由真空管、引燃管、固态矽半导体二极管、汞弧等制成，其功能主要有两个：一是将交流电转换为直流电，经滤波后提供给用电设备或逆变器；二是为蓄电池提供充电电压。

DC/DC 转换器是在直流电路中有效改变固定输出电压的转换器，一般由芯片、电感线圈、二极管、晶体管及电容组成，按用途可分为升压型转换器和降压型转换器，一般做成集成电源模块，安装在电路板上，便于集中管理。

5.1.2　系留无人机电气系统

所谓系留无人机系统是通过地面起降平台将无人机长时间悬停在空中进行作业。整个系统可以独立安装,也可安装在车上,并自动跟随车辆移动,如图5-2所示。系留无人机供电系统是通过超轻型光电复合系缆将地面电源设备与机载电源模块连接,其基本工作原理是地面电源的220V交流电通过整流升压后通过系缆传输到机载电源,再降压为飞行器和任务载荷所需电压,如图5-3所示。

图5-2 系留无人机

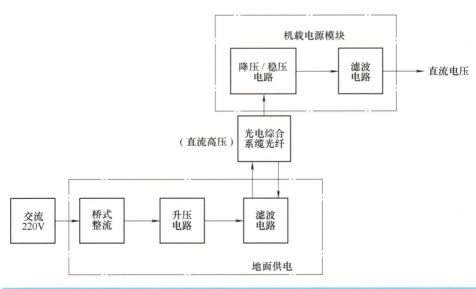

图5-3 系留无人机供电系统的工作原理

系留无人机与其他无人机的最大区别就在于供电方式的不同。从地面向空中的系留平台供电必须经过一定的输电距离,通常采用高压输电方式(系缆光纤)来减小输送电流,从而减少电能的损耗。系缆光纤的结构组成如图5-4所示。系缆光纤主要有两个功能:一是传输动力电源;二是传输光电信号。为了减轻系留平台的重量,平台载电子设备除了天线、发射机以外一般均留在地面,通过系缆光纤保证平台与地面设备之间电子信号的传输。这样既可以节省平台的升力,还可以增加无人机升空高度。

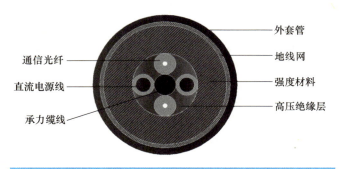

图 5-4　系留无人机系缆光纤的结构组成

5.2　任务设备

5.2.1　概述

近几年来，随着科技发展、技术交流、产业链完备、成本下降和军民融合，军用无人机应用正逐步向多种民用行业发展，如农业、石油、电力、检灾、林业、气象、国土资源、警用、海洋水利、测绘、城市规划、物流等，形成"无人机+"且市场规模迅速扩张。

"无人机+"是指无人机与不同行业的融合，实现提高工作效率、避免发生事故、节约成本等目标。例如，"无人机+农业"可通过大数据采集、分析、管理，实现农作物生长及健康状况评估、农作物产量预测、自然灾害评估、畜禽管理、畜禽疫病、田间播种、植保喷药等工作。在我国内蒙古自治区和河南省等地区，植保无人机应用非常广泛，一架大载荷多功能农用无人机一天可以作业 800～1200 亩，不仅节省农时，可避免农药中毒，而且可克服传统植保的地形困难和作物长势限制。其与传统方式植保相比，节水 80%～90%，节省农药 30%～50%，杀虫效率达 95% 以上，在很大程度上节约了生产成本。目前"无人驾+警用"应用主要是以航拍为主，在反恐处突、高速公路交通监测、森林防火、应急防空、禁种铲毒、大型活动安保、群体性事件处置等多种任务中，通过航拍图像能够从总体上掌握现场的态势全貌，这对指挥决策发挥着重大作用。无人机与不同行业的融合，决定了无人机可以搭载不同的任务载荷。在军用无人机领域，任务载荷是指装载在无人机上执行电子战、侦察和武器运输等任务所需的设备，如信号发射机、传感器等，但不包括飞行控制设备、数据链路和燃油等。随着无人机在民用领域的迅猛发展，无人机搭载的任务设备扩展到了照相机、光电摄像机、红外摄像机、红外热成像仪、激光测距仪、测绘雷达、合成口径雷达（SAR）、放抓机构、频率干扰仪、搜爆器、通信中继任务载荷、气体检测传感器等。这些任务设备在各行各业中的具体应用情况如下：

1. 农业方面（农业植保、农作物数据监测）

◆ 用于农业事前预防　通过对大面积农田、土地进行航拍，从航拍的图片、摄像资料里了解农作物的生长周期，进行特殊元素的含量监测，对农田进行全面、有效的信息监测。

◆ 用于农业事中监测　运用无人机进行农药喷洒作业可以有效降低农作物生物灾害，具有高效安全、覆盖疏密程度高、防治成效好、节水、节药、成本低等优势。

◆ 用于农业事后控制　当种植区出现大面积自然灾害时，农作物查勘定损工作量极大，其中最难以界定的就是损失面积问题。无人机通过高分辨率图像和高精度定位数据功能可以高效地完成农业定损任务。

2. 林业方面（森林防火、森林灾害防治、保护区野生动物监测）

无人机搭载可见光成像和红外成像等设备，可实现在中低空领域对车、人无法到达地域的林业资源调查、生态环境、森林防火、森林病虫害防治等工作。在森林消防方面，无人机作为现有林业监测手段的有力补充工具，不仅可以快速确认火灾位置、确定火情程度，而且可以对林业火灾进行实时监控，有利于快速制定科学合理的救灾方案。通过消防无人机巡逻监测及红外热成像仪技术，可及时监测到隐蔽的起火点，通过投放阻燃弹，将火灾扼杀在萌芽状态，抢占灭火先机，将火灾可能产生的破坏和损失尽可能降到最低。

在动植物自然保护区，利用无人机航拍技术，可以第一时间监测保护区内野生动物的生活、生产、数量等具体情况，为保护濒危物种提供数据支持。

3. 电力石油方面（电力巡线、石油管道巡检）

传统电力巡线面临巡线线路距离长、工作量大、步行巡线效率低、巡线员安全等问题，特别是当遇到冰雪、水灾、地震、滑坡等自然灾害天气时，巡线抢修任务又增添了新的难度。随着无人机技术的成熟与发展，无人机在电力巡检方面可完成三个任务，在完成不同的任务时搭载不同的任务设备。第一个任务是固定翼无人机应急、常规飞行，固定翼无人机搭载航拍测绘设备进行大范围快速巡查，第一时间掌握受灾程度、事故隐患点，地面站根据实时航拍监控数据有效地组织抢修维护工作。第二个任务是进行定期日常巡线工作，无人直升机根据已编好的电塔 GPS 坐标，内置高清摄像机，自动进行飞行航拍巡检，将图像数据实时同步传输给地面工作人员，地面工作人员根据视频、图像信息判断巡检结果，做出相应解决方案。第三个任务是夜间维护输电设备，无人机搭载热成像仪，通过对比温度异常变化值，发现隐蔽性较强的故障点，提高夜间抢修维护工作人员在处理突发事件时的工作效率及安全性。

无人机在石油行业主要完成石油管道勘察选线、管道施工、管道巡检、应急监测四大任务。其搭载的设备主要完成的是航拍和红外监测任务，这与电力行业应用有很大的重叠部分。

4. 抗震救灾方面（灾情监测、应急指挥、地震调查）

在地质灾害的灾前预警、灾时监测、灾后重建等工作中，需对灾区进行反复遥感动态监测。搭载了高清拍摄装置的多旋翼无人机对受灾地区进行航拍，可以提供最新影像资料；

利用无人机在恶劣天气下进行应急测绘，可以有效地避免灾后二次人机坠毁事故，提高安全系数；在交通不便的情况下，通过搭载放抓机构可以及时为被困人员投放食物、药品、救生装置等必要物资，实现最快速度的救援；搭载生命测试仪的无人机可以在塌方封路、救援人员和车辆无法到达的情况下提前对生命迹象进行探测，在救援队伍到达时提供最新的被困群众信息，减少人民群众的生命财产损失。

5. 气象方面（空气监测）

无人机在气象、环保方面的应用最初是无人机搭载可见光照相机云台，通过视频、拍照片等对污染浓度较大的可见性污染源，如黑烟囱、秸秆焚烧等进行监控。但该方法容易受光照、雨雾、摄像头分辨率等因素的影响，不能达到很好的监测效果。

随着红外成像仪在电力巡检和石油管道巡检应用中的推广，在环保领域也可利用无人机监管在夜间违规生产、违规排污的企业，但此应用也易受到环境的影响，而且不同企业排污情况不同，相关模型复杂，需要长久对比才可得出监测结论。

随着科技进步，无人机搭载便携式气体传感器可实现区域空气质量的在线自动监测，能够实现全天候、连续、自动监测空气中的二氧化硫、二氧化氮、臭氧、一氧化碳、PM2.5、PM10和有机挥发物的实时变化情况，迅速、准确地收集、处理监测数据，能及时、准确地反映区域环境空气质量状况及变化规律，为环保部门的环境决策、环境管理、污染防治提供翔实的数据资料和科学依据。

6. 国土资源方面（矿产资源勘探、国土资源开采）

无人机系统搭载三维激光扫描仪、传感器、摄像器等可完成国土资源方面的事先控制和事后评估考察两个层次的应用。事先控制主要体现在城镇规划调查、矿产资源开发、煤火考察等土地资源的勘测；事后评估考察主要应用于地籍测量、土地利用变更调查、农业土地资源评估等领域，充分体现了其自动化、智能化和专业化的特点，可快速完成数据的处理、建模和应用分析等工作，为国土资源领域提供翔实的数据依据。

7. 警用方面（交通巡逻、边境巡视）

无人机在警用方面主要是搭载高清摄像头、喊话器等设备，摄像头采集的画面可实时传输到指挥车辆上，使指挥员实时获取现场情况，为指挥员提供高效准确的指挥调度依据。

无人机在警用方面还可搭载热成像仪和高光谱摄像机，用于夜间搜捕逃犯、识别物体表面物质的成分；可搭载基于图像智能分析的任务设备，实现嫌疑车辆与人员自动跟踪、现场人流与车流数量自动统计分析、交通执法取证等，大大降低警务活动强度，提高执法效率；可搭载抓放机构，在处理突发安全事故时，投放催泪瓦斯、催泪弹等非致命性武器。

8. 水利方面

无人机可进行海洋环境监测、水资源开发、生态环境保护监测、洪涝灾害监测、干旱缺水监测、水环境污染监测、河床河道监测、内陆湖泊及水库监测和农田灌溉监测等。

水利信息化建设要以多颗遥感卫星数据为基础，以机载、地面移动站和地面固定站获取的数据为补充，开展多源水利信息快速获取、处理和融合技术研究。把无人机的应用纳入水利信息化建设的系统中，将大大提高雨情、水情、旱情和灾情信息采集的准确性及传输的时效性，以对其发展趋势做出及时、准确的预测和预报，这对制定防洪抗旱调度方案，为决策部门准确决策提供了科学依据。

9. 城市规划、市政管理

无人机遥感技术在城市建设工程的环境监测方面也发挥着重大作用。城市建设工程应该坚持环境保护与经济、社会协调发展的原则。运用无人机低空遥感技术可以在工程规划、设计和审查阶段用于现场勘查，从而全面了解施工地区及周边的环境。在施工期间，运用无人机低空遥感技术可以针对土石方体积、植被覆盖度、工程外观等进行勘查和测量，为环保部门判断环境评价结论和环境保护措施的合理性提供依据。

10. 测绘方面（测绘、航空摄影测量）

无人机在测绘中具有非常重要的作用，可以机载遥感设备，如高分辨率CCD数码照相机、轻型光学照相机、红外扫描仪、激光扫描仪、磁测仪等获取图像信息，用计算机对图像信息进行处理，并按照一定精度要求进行数据分析处理，生成6D数据产品。

无人机测绘技术可广泛应用于国家生态环境保护、矿产资源勘探、海洋环境监测、土地利用调查、水资源开发、农作物长势监测与估产、农业作业、自然灾害监测与评估、城市规划与市政管理、森林病虫害防护与监测、公共安全、国防事业、数字地球以及广告摄影等领域，有着广阔的市场需求。

任务载荷决定了无人机在不同行业的应用场景和效果。搭载相同的任务载荷可在不同行业发挥相似的作用。在技术方面，无人机的续航能力、抗风能力、避障能力以及任务载荷的轻量化、模块化等因素都制约了无人机在各行各业应用的深度。在非技术方面，无人机管理制度尚不完善，其飞行过程中容易造成人员受伤等问题；相关行业无人机专业人才缺乏，行业内缺少全能型人才。不过，随着无人机及其相关技术的迅猛发展，无人机管理制度逐渐健全，无人机产业的可持续发展是可以预见的。

5.2.2 照相机

搭载不同任务载荷的无人机在各行各业的应用越来越广泛，目前无人机应用最广泛、最成熟的是航空拍摄。显而易见，航拍搭载的任务设备是"照相机"。我们将各种拍摄仪器统称为照相机。针对搭载于无人机的照相机，在性能、技术方面的具体要求如下：

1) 由于无人机载重能力有限，要求照相机体积小、重量轻。
2) 无人机在低空中飞行，易受风向、风力的影响，要求照相机防抖动能力强。
3) 为将拍摄图像实时传输到地面控制站，要求无线图传系统稳定可靠。

1. 照相机的分类

◆ 根据照相机输出信号形式的不同，照相机可分为模拟照相机和数字照相机 模拟照相机的输出信号为标准的模拟量视频信号，需要配备专用的图像采集卡将模拟信号转化为数字信号，以便运用计算机对信号进行后期处理及应用。其主要优点是通用性强、成本低，缺点是分辨率较低、采集速度慢、图像质量差。这种照相机在早期机器视觉系统中应用广泛，但目前应用越来越少。

数字照相机的输出信号为数字信号，在照相机内部安装了集成的 A/D 转换电路，直接将模拟量图像信号转化为数字信号，可直接在计算机或电视屏幕上显示，具有图像传输抗干扰能力强、分辨率高、精度高、清晰度高等优点。现在无人机搭载的照相机基本为数字照相机，可满足航拍摄影的各项要求。

◆ 根据光源波长不同，照相机可分为可见光照相机和红外线照相机 太阳辐射光谱根据波长不同可分为三部分：紫外线（波长 <380nm）、可见光（380nm< 波长 <780nm）、红外线（波长 >780nm）。

可见光照相机拍摄的影像可以充分地反映整个场景的细节信息，但可见光传输易受环境影响，在雾、雨、雪、霾天气时穿透力差，探测距离受一定限制。

红外线照相机利用热辐射将超过人眼观测的红外波段信息转换成可见信息。红外线照相机可以识别热目标，探测距离远，但是图像对比度差，细节信息不丰富。

2. 可见光照相机

◆ 成像原理 数字照相机利用电子传感器把光学影像转换为电子数据，进行存储或无线传输。采用数字照相机满足了任务载荷质量小的要求。

可见光照相机根据电子传感器工作原理的不同可分为两种：一种是光感应式的电荷耦合器件（CCD），另一种是互补金属氧化物半导体（CMOS）。CCD 的优势在于成像质量好，但其制作工艺复杂，成本较高，在相同分辨率的情况下，CMOS 价格相对较低，但图像质量也相应变差。

◆ 技术参数 在使用可见光照相机进行拍照时，画幅和焦段主要影响照片的效果；分辨率、帧数、码率三个因素直接影响画质。

画幅是指照相机最核心的部件感光元件的面积。感光元件的作用是将光信号转化为电信号，其面积会直接影响成像的质量。画幅大小是判断画质的最根本标准，画幅越大，成像质量相对越高。但是增大画幅就会增大照相机的重量，对于无人机来说，也就意味着更大的载重，所以除了大型飞行平台可以随意搭载更大画幅的专业照相机以外，消费级无人机照相机主要以搭载 4/3 画幅以下的一体式云台照相机为主。

焦段直接影响无人机照相机的视角大小。由于无人机载重问题，一般照相机采用定焦镜头，无法改变焦段，所以焦段选择尤为重要。对于视角开阔的天空来说，广视角的短焦镜头虽然更好，但是会带来图像畸变的问题，影响画面质感。现阶段航拍照相机选择兼顾广视角和畸变小的 20～35mm 焦段的镜头，FOV 一般为 63°～94°。当小于此范围时，视角会过于狭小，超过此范围时拍摄画面就会略有畸变。

录制参数包括分辨率、帧数和码率。这些是影响录像画质最直接的参数。分辨率决定了输出画面的大小，现常见的视频是 1080P，但在录制时要求分辨率达 4K。所以照相机是否支持 4K 对于航拍而言十分重要。帧数是一秒钟可拍摄的画面的数量。常见的视频一般为 24～30 帧。当拍摄特殊场景时，如展示流畅动作或慢动作，则需要 60 帧以上的照相机。码率决定了每秒钟采集的数据量。显而易见，采集的数据量越多，画面越精细，当然生成的文件也越大。当分辨率和帧数一样时，码率决定了画面的优劣。

3．红外线照相机

◆ **红外辐射的发展及基本概念** 1800 年，英国科学家赫歇尔利用太阳光谱色散实验发现了红外线。1904 年，开始采用近红外线进行摄影。20 世纪 30 年代中期，荷兰、德国、美国各自独立研制成功红外线变相管、红外夜视系统。1952 年，美国陆军研制出第一台热像记录仪。

红外线是一种电磁波，根据其波长可分为近红外线（波长为 0.78～3.0μm）、中红外线（波长为 3.0～20μm）、远红外线（波长为 20～100μm）。在自然界中，任何温度高于绝对零度（-273.15℃）的物体（人体、冰雪等）都在不停地发射红外线，即红外线普遍存在于自然界。

根据红外线的三个定律：基尔霍夫定律、斯蒂芬 - 玻耳兹曼定律、维恩位移定律，可以知道物体温度越高，红外线能量越多；性能好的反射体或透明体，吸收热辐射差。

◆ **红外线照相机的分类** 物体既可以反射也可以辐射红外线，所以将红外线照相机分为主动式和被动式。主动式红外线照相机通过主动照明，在全黑条件下工作，利用不同物体对红外线辐射的不同反射特性成像。被动式红外线照相机利用物体自然辐射的红外线成像。

1）红外线夜视仪。红外线夜视仪属于主动式红外线照相机，其自带红外线光源，是根据被成像物体对红外线光源的不同反射率以红外线变像管作为光电成像器件的红外线成像系统。红外线夜视仪成像清晰、对比度高、不易受环境光源的影响，但因其自带红外线光源，易被红外线探测器捕捉并暴露自身，不利于军事应用。

红外线夜视仪主要由光学系统、红外线变像管、红外线探照灯、高压电源四部分组成。

① 光学系统分为物镜组和目镜组。物镜组是将目标成像于变像管的光阴极面上，目镜组是把变像管荧光屏的像放大，便于人眼观察。

② 红外线变像管是红外线夜视仪的核心，是一种高真空图像的转化元件，可完成从近红外线图像到可见光图像的转换并增强图像。

③ 红外线探照灯主要由光源、抛物面反射镜、灯座、红外线滤光片四部分组成。其中光源可以为电热光源、气体放电光源、半导体光源、激光光源。

④ 高压电源为红外线变像管进行图像增强提供能量，一般为直流 1.2 万～2.9 万 V。

2）红外线热像仪。红外线热像仪是被动式红外线照相机。红外线辐射普遍存在于自然界，探测并分析这些辐射能，就可以形成与能量分布相对应的热成像，显示出景物特征。

红外线热像仪一般由光学系统、红外线探测与制冷系统、电子信号处理系统、显示系统组成，其核心部件是红外线探测器。

红外线探测器是红外线辐射能的接收器，它通过光电变换作用，将接收的红外线辐射能量变为电信号，并经过放大、处理，形成图像。红外线探测器可分为热探测器和光子探测器。热探测器常用元件是热敏电阻、热电偶、热释电探测器等，通过吸收红外线辐射能，敏感元件温度上升，从而引起相应物理参数变化。光子探测器是通过光子与物质内部电子相互作用，产生电子能态变化而完成光电转换的探测器。光子探测器在响应灵敏度及速度方面的性能均优于热探测器，应用更广泛。

对比普通数字照相机，红外线照相机强调的是对红外线的接收，经过模电转换，在显示屏上呈现可见光图像。

所有的高于绝对零度的物体都会辐射，但温度越高的物体，辐射能越多。为了拍摄温度较低的景物，可以采用主动红外线照相机。

4．其他常用照相机

◆ 多光谱照相机　多光谱照相机是在可见光的基础上向红外线和紫外线两个方向扩展，并通过各种滤片或分光器与多种感光胶片的组合，使其接收同一目标在不同窄光谱带上所辐射或反射的信息，得到目标的几张不同光谱带的照片的照相机。

◆ 合成孔径雷达（SAR）　合成孔径雷达主要应用于军事领域，用于侦察战术目标并对其进行定位和识别。由于雷达发射的电磁波作用距离远且穿透力强，所以其优点是在雷雨天气、有烟雾、树林中和夜间等恶劣环境下，侦察能力突出。SAR 在民用领域的应用主要是资源勘探、大地测量、灾情监测等方面。

合成孔径雷达主要由雷达单元、天线、图像处理器、运动敏感装置等组成，如图 5-5 所示。雷达单元用于发射雷达脉冲信号，天线辐射至要探测的地面区域并接收目标位的回波信号，由图像处理器对回波信号进行幅度和相位的适当加权，实时形成高分辨率的雷达图像，并通过数据线路实时传回地面。

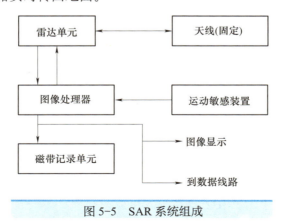

图 5-5　SAR 系统组成

5.2.3 云台

随着无人机在各行各业的广泛应用，根据不同的任务需求，无人机搭载不同的任务设备。无人机云台就是无人机用于安装、固定摄像机等任务载荷的支撑设备。

1. 云台的分类

云台可分为固定云台和电动云台两种，如图5-6所示。固定云台一般用于拍摄范围不大的情况。固定云台可根据需求调整设备的水平、俯仰角度，确定最佳拍摄姿态后锁定调整机构即可。电动云台适用于大范围进行扫描拍摄的情况。一般在云台旋转轴上装有电动机，可通过手动或程序远程控制云台旋转或按照一定的运动规律旋转，从而得到全方位的拍摄。根据云台的旋转轴数可将其分为二轴云台和三轴云台，二轴云台只具有空间两个转动自由度，可以对目标进行跟踪，并提供目标视线角的二维信息，但是缺少空间三维转动自由度，存在跟踪盲区。三轴云台能够弥补二轴云台的这个缺陷，消除盲区。

图5-6 云台的种类

a) 固定云台　b) 电动云台

2. 云台的结构及工作原理

稳定云台是机载照相机的载体，用来隔离无人机姿态的变化以及机体振动、风阻力矩等扰动，保证无人机机载照相机的视轴稳定。无人机机载照相机能否正常拍摄出高质量的低空遥感影像，关键是照相机的视轴相对地面是否保持稳定。因此，在照相机拍摄的过程中，要求无人机始终保持水平、匀速地飞行，并且还要保持无人机姿态的稳定。当无人机匀速稳定地飞行时，机载照相机视轴能够均匀地扫描地面，从而获得高质量、无失真的低空遥感图像。实际中，空中的风速、气流以及风向的变化都会引起无人机的姿态发生变化，而且无人机体积越小、重量越轻，这种影响就越为严重。无人机姿态变化的直接影响是照相机光轴抖动，从而导致获得的图像发生畸变。由于无人机载荷和功耗的限制，在满足云台功能的基础上，要求云台重量轻、体积小、结构简单易装配。

云台系统主要由主控制器、姿态反馈元件、执行机构、机械框架（分为二轴和三轴）四部分组成，如图5-7所示。在云台系统的机械框架中，要安装一定的减振机构，通过柔性结构吸收来自无人机运动过程中产生的振动。减振机构一般姿态反馈元件为安装在照相机壳体内的惯性传感器 MPU6050,用来感知并实时捕捉照相机壳体在运动过程中的偏移角度、旋转轴方向的角度偏移和振动情况,并把相应的角度和加速度信号传递给主控制器,通过主控制器的姿态解算器模块和 PID 控制器处理模块,将反馈信息传递给执行机构电动机驱动器,再由电动机驱动器输出 PWM 信号至直流无刷电动机,调整旋转轴的位移及角度,以实现稳定图像的目的。

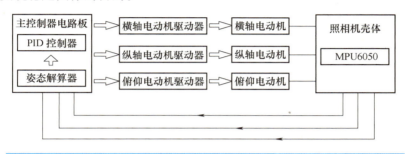

图 5-7 云台的控制

现在安装在无人机上的云台多为高精度三轴增稳云台,包括内框轴、中框轴、外框轴(图 5-8)。每个转轴搭载一台电动机。操作者可以操控俯仰角度(-90°～30°)和朝向角度(-320°～320°)。

3. 云台材料的选择

目前无人机云台常采用的材料的物理特性参数见表 5-2。这些材料可分为三种:第一种是以不锈钢和铝合金为代表的金属材质,这类材料制造的云台安全

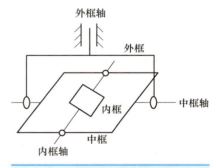

图 5-8 三轴增稳云台的结构示意图

性能高、刚性好,但是重量较大;第二种是以碳纤维板和碳纤维管为主的材料,这类材料制造的云台质量轻,但是刚性不足,稳定性差;第三种是光敏树脂材料,其以 3D 打印技术制造云台,光敏树脂原本为液态,在 3D 打印过程中在紫外线的作用下迅速聚合固化,固化后的树脂材料具有良好的物理特性,重量轻、韧度强、耐高温和腐蚀,这类材料制造的云台制作简单、精度高,但是同样具有刚性不足的缺点。

表 5-2 云台常用材料物理特性参数

材 料	密度/(g/cm³)	弹性模量/MPa	泊 松 比
碳钢	7.8	200×10³	0.28
铸铁	7.2	150×10³	0.25
铜合金	8.9	210×10³	0.3
铝合金	2.7	69×10³	0.3
碳纤维	1.62	110×10³	0.31
光敏树脂	1.2	2400	0.41

在选择云台材料时，要考虑三个问题：一是考虑云台的工作环境，在一定风速、加速度下工作，且在高温和低温环境下受影响小；二是针对小型无人机，考虑云台尺寸和重量都要小；三是考虑经济性，根据不同部分受力强度不同，选择不同的材料。在三轴云台结构中，云台正常工作情况下应力最集中的部件是航向框架和横滚框架，所以该部分一般选择机械强度高、重量轻的材料，综合考虑选择铝合金作为航向框架、横滚框架的最佳材料。固定照相机的相机框和俯仰轴机械强度要求低，但要求韧性好、重量轻，可选 3D 打印用光敏树脂材料。云台减振机构承载了云台全部的重量，要求有较好的机械强度和抗拉强度，常选用重量轻、强度大的碳纤维作为减振机构材料。

无人机机载照相机的成像质量在很大程度上受到无人机飞行姿态变化的制约，要使机载照相机视轴稳定，就必须为照相机提供一个具有空间稳定性的惯性平台。增稳云台由于能够隔离机体的扰动，因此逐渐成为高精度航空测量系统的重要组成部分。同时，为了使照相机视轴能够灵活地在指定的航道角度上切换，增稳云台还可以按照给定指令转动。因此，从伺服控制的角度来看，机载照相机增稳云台，其实质是视轴稳定与目标跟踪系统。目标跟踪是在视轴稳定的基础上进行的，控制视轴指向目标位置，高精度的视轴稳定和目标跟踪性能要通过先进的控制算法的精心设计来实现。

4. 云台的无线传输

操控者通过遥控器与接收机两部分完成了人机之间的无线传输。遥控器用于在地面端发射遥控指令，接收机通过串口与云台的控制器相连，用于接收指令并将指令传输到云台控制器上。其中相关参数如下：

◆ 通信频率 常用的无线电频率为 72MHz 和 2.4GHz，早期主要使用 72MHz，遥控器上可见长长的遥控天线。目前，多选择 2.4GHz 为遥控频率，属于微波频率，其优点是频率高、同频概率小、功耗低、反应迅速、控制精度好等。

◆ 调制方式 遥控信号等调制方式一般分为 PCM 和 PPM 两种编码方式。PCM 编码是指脉冲信号的编码方式，PPM 是指高频电路的编码方式。无人机信号传输用 PCM 编码相对于 PPM 编码更有优势，因为它具有良好的传输特性和较强的可编程性，抗干扰性能强，可在节约成本的前提下进行各种性能优化设计，而采用 PPM 编码的遥控设备相对简单且成本低，但是容易受外界影响。

◆ 通道数 一般来说，遥控器的一个通道对应一个独立的动作，一般有六通道、十通道等，因多旋翼无人机自身的运动有俯仰、横滚、升降和偏航四个动作，加上云台的三个运动动作（俯仰、横滚和航向），所以遥控器一般选择七通道以上的。

云台系统的常见工作模式分为四种：跟随模式、FPV 模式、自由模式、复位模式，见表 5-3。在不同的工作模式下，飞手可操控云台不同的运动方向。

表 5-3　云台系统的四种工作模式

跟随模式	云台水平转动方向随飞行器移动，而云台横滚方向不可控，飞手可远程控制云台俯仰角度
FPV 模式	云台横滚方向的运动自动跟随飞行器横滚方向的运动而改变，以获得第一人称视角的飞行体验
自由模式	云台水平转动方向与飞行器机头航线运动相对独立，而云台横滚方向不可控，飞手可以远程控制云台俯仰角度
复位模式	云台水平方向由当前方位回中至飞行器机头方位，两者角度最终保持一致，云台的俯仰角在回中过程中保持不变

5．云台系统的发展

增稳云台的发展大致经历了三个阶段：纯机械云台、半自动云台以及全自动云台。增稳云台的设计涉及控制理论、电机控制技术、传感器技术等多门学科。增稳云台最先应用在军事领域尤其是大型无人机上，用来完成监视以及侦察等任务，随后配合出现的用于作战的无人机，又出现了瞄准跟踪等功能。所以军用无人机上的云台一般代表着该国最先进的云台技术。随着科学技术的不断发展，目前各国对高技术含量的无人机都进行了自主研制。例如，美国的 RQ-4a"全球鹰"、RQ-170"哨兵"等无人机都配备了云台系统来稳定视角，从而准确地判断目标位置并实现稳定控制。

20 世纪 90 年代初，我国才开始着手对机载陀螺增稳云台的研究。1985 年，哈尔滨工业大学研制出我国第一台数字控制单轴云台 DPCT-1，该云台是通过计算机进行控制的。随着我国经济与科技实力的不断发展，飞行器在普通民众之间的广泛使用，刺激了民用飞行器的迅猛发展，小型固定翼和多旋翼无人机逐渐出现在人们的视野中，航拍逐渐发展为一个热点。Parrot 公司推出的 eXom 四轴飞行器，推动了航拍的快速发展。深圳大疆创新科技有限公司作为后起之秀，为航拍的技术发展和推广做出了巨大贡献，手持云台也得到了发展。

5.2.4　图传

无线图像传输系统用于将无人机在空中拍摄的图像信号实时传回地面，便于地面操控人员对事故现场开展侦察，其性能是影响无人机侦察性能的关键。

按照所采用无线网络的不同，无线图像传输系统可分为公共网络无线图像传输和专用网络无线图像传输系统。利用三大运营商的公共网络传输图像的优点是保密性好、抗干扰能力强、抗多径衰落、成本低，缺点是在网络基站覆盖范围以外的地方无法传输图像，且延时较长。由于消防应急救援一般是在重大自然灾害、水灾、火灾现场，要求图像传输系统的可靠性很高，因此基于公共网络的图像传输系统不宜在消防侦检无人机上使用。

专用网络的无线图像传输主要是自带无线发射与接收系统进行图像传输，不受其他网络的限制，图像传输有保证。目前主流的专用网络图像传输设备主要有采用数字基带调制技术的传输设备和采用模拟调制技术的传输设备，即数字图传和模拟图传。基于数字基带调制技术的无线图像传输设备的优点是传输距离远、抗干扰能力强、能够适应复杂的工作环境,缺点是图像要经过采样、编码、压缩、解码及还原等过程,这样一般会造成300～800ms不等的延迟,且设备体积大、价格昂贵。采用模拟调制技术的传输设备的优点是体积小、重量轻、价格便宜;缺点是抗干扰能力差,图像传输质量不如数字传输设备。

1. 图传系统的组成

无人机上搭载的图像采集设备采集到图像视频,经过数字编码压缩处理后传输给机载图传信号发送器,编码调制后通过通信数据链下传给地面图传信号接收系统进行解调解码,并通过HDMI、USB、AV等数字接口连接到显示设备上进行视频图像的播放,实现对现场画面的实时监控。

无人机图传系统由机载图传信号发送器和地面图传信号接收系统组成,机载图传信号发送器由图像采集设备、图像处理模块和无线信号传输模块组成;与之相对应,地面图传信号接收系统由无线信号接收模块、图像处理模块以及图像播放设备组成,如图5-9所示。

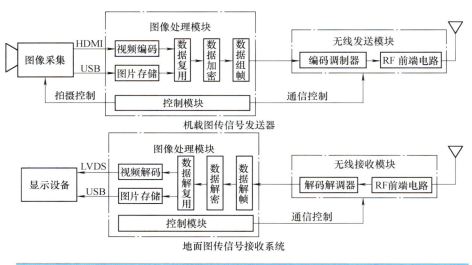

图5-9 无人机图传系统的组成

2. 图传系统的主要技术

图传技术是无人机重要的技术之一,其好坏决定了飞行距离、图像实时传输的质量和传输延时等。无人机完成无线图传任务主要应用视频压缩技术、信号处理技术、信道编码技术和调制解调技术。

在学习无人机图传技术之前,要学习以下专业名词。

1)信道:通信系统中传输的通道,好比是高架桥。信道的作用是把携有信息的信号从它的输入端传递到输出端,因此它最重要的特征参数是信息传递能力。在典型情况下,信道的信息通过能力与信道的通过频带宽度、信道的工作时间、信道的噪声功率有关:频带越宽,信道工作时间越长,信号与噪声的功率比越大,则信道的通过能力越强,承载信息的能力越强。

2）信源：产生各类信息的实体，好比是载满水泥的货车。信源是信息的来源，是产生消息或者消息序列的源泉。信息是抽象的，而消息是具体的。消息不是信息本身，但消息包含和携带着信息。

3）编码：对原始信息符号按一定的数学规则所进行的变换，确保信息在传递过程中无损坏，好比是快递与打包。使用编码的目的是使信息能够在保证一定质量的条件下尽可能迅速地传输至信宿。信息编码必须标准、系统化，信息编码是用不同的代码与各种信息中的基本组成部分建立一一对应关系的过程。

4）扩频：是一种改善传输性能的信息处理技术，其隐蔽性高、抗干扰能力强。扩频的目的和作用是在传输信息之前，先对所传信号进行频谱的扩宽处理，以便利用宽频谱获得较强的抗干扰能力、较高的传输速率，同时由于在相同频带上利用不同码型可以承载不同用户的信息，因此扩频也提高了频带的复用率。

5）调制：将各种数字基带信号转换成适于信道传输的数字调制信号（已调信号或频带信号）。调制就是用基带信号去控制载波信号的某个或几个参量的变化，将信息荷载在其上形成已调信号传输，好比是新的交通工具，减少了传递步骤，提高了传递效率。

6）传输频段：无线图传主要有1.2GHz、2.4GHz以及5.8GHz这三个频段。由于Wi-Fi（802.11ac以外）、蓝牙、无线鼠标都集中在2.4GHz频段区域工作，所以该频段相对拥挤；1.2GHz频段在世界上大多数地方属于管制频段，不为民用；5.8GHz频段目前相对干扰较少。因此，民用无人机无线图传大多在2.4GHz频段和5.8GHz频段工作。

众多数据表明，5.8GHz频段无线数据的传输性能要优于2.4GHz。但实际上，无线电的频率越高，波长会越短，虽拥有更强的穿透力，但实际的绕射能力越差。换句话说，在其他客观因素相同的条件下，5.8GHz频段图传技术在空间上的物理阻挡传输能力比不上2.4GHz频段。

◆ 视频压缩技术　在无人机图传任务中，要实现实时视频通信，除了需要比其他数据通信更高的带宽外，还需要对视频信号进行较大的压缩。进行视频压缩的主要原因如下：

1）原始数据太大导致保存和传输受限制。首先先计算传输原始视频信号所需要的带宽，如果原始图像为4:2:0的YUV格式数据（该格式为原始数据的最小格式），每幅画面的大小为：704×576×1.5×8bit=4.64MB，也就是说每一帧为4.64MB。如果想看流畅的视频画面，大概每秒需要传输25帧，即需要4.64×25MB=116MB的带宽。图像分辨率为CIF（352×288）格式的也需要116MB/4=29MB的带宽。这只是分辨率为标清的情况所需要的带宽，更高分辨率所需要的带宽更高。当前网络带宽显然无法满足该需求。

2）视音频中有很多信息的冗余。随着科技的进步和时代的发展，视频压缩标准（图5-10）也在逐步更迭换新，常见音频视频编码分为两个系列（MPEG系列和H.26X系列）。目前在无人机图传系统中主要采用标准H.264。

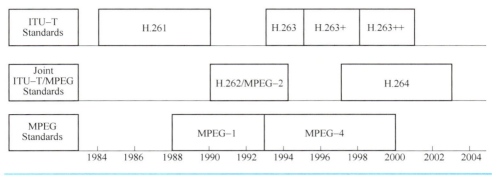

图 5-10 视频压缩标准的发展及类型

H.264 是由 ITU-T 的视频编码专家组（VCEG）和 ISO/IEC 运动图像专家组（MPEG）联合制定的新一代的视频压缩标准。ITU-T 是一个代表国际电信联盟协调制定电信标准的部门。ISO 是国际标准化组织，一个全球性的非政府组织。IEC 是指国际电工委员会，负责制定所有电子、电气和相关技术的标准。H.264 是 ITU-T 所使用的名称，而 ISO/IEC 将其命名为 MPEG-4 Part10/AVC，因为它代表的是 MPEG-4 系列标准中的一个新标准。MPEG-4 系列标准包含了 MPEG-4 Part2 等标准，MPEG-4 Part2 是一个应用于基于 IP 的视频编码器和网络摄像机的标准。

◆ 信号处理技术　在无人机图传任务中，需要对各种模拟信号和数字信号按各种预期的目的及要求进行提取、变换、分析等加工处理，以便抽取出有用的信息。

◆ 信道编码技术　在传输中往往由于各种原因，使得数字信号在传送的数据流中产生误码，从而使接收端产生图像跳跃、不连续、出现马赛克等现象。所以通过信道编码这一环节，对数码流进行相应的处理，使系统具有一定的纠错能力和抗干扰能力，可极大地避免码流传送中误码的发生。误码的处理技术有纠错、交织、线性内插等。

提高数据传输效率，降低误码率是信道编码的任务。信道编码的本质是增加通信的可靠性，但信道编码会使有用的信息数据传输减少。信道编码的过程是在源数据码流中加插一些码元，从而达到在接收端进行判错和纠错的目的。

◆ 调制解调技术（Coded Orthogonal Frequency Division Multiplexing，COFDM）即编码正交频分复用的简称，是目前世界上最先进、最具发展潜力的调制解调技术。

无人机图传系统中目前常用的解调方式是 COFDM，它最大的优点就在于支持突破视距限制的应用。绕射能力和穿透障碍物是 COFDM 技术的核心，它还对噪声和信号干扰有着很好的免疫力。

COFDM 无线视频传输设备具有以下优点：

1）超视距技术，绕射能力强。COFDM 设备具有多载波等技术特点，因此具备"非视距""绕射"传输的优势，在城市、山地、建筑物内外等阻挡物多的环境中，COFDM 设备能够高效地实现清晰图像的稳定传输，受环境影响极小。其收发两端采用的全向天线，可根据现场不同情况及指挥的要求自由活动。

2）抗电磁干扰能力强。COFDM 无线视频传输设备是通过各个子载波进行联合编码的，具有很强的抗衰落能力。在单载波系统（如数字微波、扩频微波等）中，单个载波衰落或受到干扰能够导致整个通信链路失败，但是在多载波的 COFDM 系统中，仅仅只有很小一部分子载波会因此受到干扰，对传输通信链路影响很小，而且这些子信道载波错误还可以采用纠错码来进行纠错，从而确保了传输的低误码率。

3）数据传输快。高质量的视音频要求具有清晰稳定的画面，要达到这样的效果，除对摄像机的要求外，对信道速率和编码流要求也十分高。一般的数字微波、扩频微波传输中，虽然采用 MPEG2 编码，但其信道大多采用 2Mbit/s 的速率，无法很好地满足后期的分析、存储编辑等要求。COFDM 设备无线传输速率一般大于 4Mbit/s，可满足高质量视音频数据的传输要求。

3. 图传系统的未来发展

高质量的图传系统在行业无人机的应用中扮演着极为重要的角色，是不可或缺的。目前，在人们追求高清、稳定、快速的时代里，无人机图传系统的发展趋势是高分辨率、高帧率和更远距离的实时传输能力。这对无人机图传系统的发展提出了更高的要求，如高传输速率、大容量、实时性好、抗多径和抗干扰等。

5.3 控制站

5.3.1 概述

无人机控制站也称为控制站、遥控站或任务规划与控制站。在规模较大的无人机系统中，可以有若干个控制站，这些不同功能的控制站通过通信设备连接起来，构成无人机控制站系统。地面控制站系统是在无人机应用发展过程中逐步提出的，现代无人机已经从原来单一战斗的任务中脱身而出，装载了各种用途的设备。为了能够更好地遥控操作无人机，采用了各种形式的地面控制站系统，以便对无人机的飞行状态和任务设备等进行实时监控。一般而言，地面控制站系统是一个具有遥测数据的实时采集、遥控指令的实时发送和航迹的实时显示等功能的监控系统。该系统是无人机系统中的重要环节，其好坏直接影响整个系统的性能。

无人机控制站系统的功能通常包括指挥调度、任务规划、操作控制、显示记录等。指挥调度功能主要包括上级指令接受、系统之间联络、系统内部调度。任务规划功能主要包括航路规划与重规划、任务载荷工作规划与重规划。操作控制功能主要包括起降操纵、飞行控制操作、任务载荷操作、数据链控制。显示记录功能主要包括飞行状态参数显示与记录、航迹显示与记录、任务载荷信息显示与记录。

标准的无人机控制站通常由数据链路控制、飞行控制、载荷控制、载荷数据处理四类硬件设备机柜构成。无人机控制站系统可以由不同功能的若干控制站模块组成，主要包括以下内容：

◆ 指挥处理中心　指挥处理中心主要制定无人机飞行任务、完成无人机载荷数据的处理和应用。指挥中心/数据处理中心一般都是通过无人机控制站等间接实现对无人机的控制和数据接收。

◆ 无人机控制站　主要由飞行操纵、任务载荷控制、数据链路控制和通信指挥等部分组成，可完成对无人机机载任务载荷的操纵控制。一个无人机控制站可以指挥一架无人机，也可以同时控制多架无人机；一架无人机可以由一个控制站完成全部指挥控制工作，也可以由多个控制站来协同完成指挥控制工作。

◆ 载荷控制站　与无人机控制站的功能类似，但载荷控制站只能控制无人机的机载任务设备，不能进行无人机的飞行控制。

5.3.2 组成

目前，一个典型的控制站由一个或多个操作控制分站组成，主要实现对飞行器的控制、任务控制、载荷操作、载荷数据分析和系统维护等。其相互间的关系如图5-11所示。

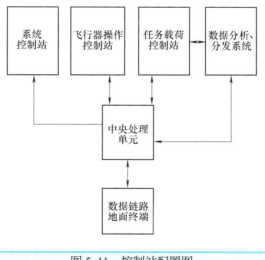

图5-11　控制站配置图

1. 系统控制站

系统控制站在线监视控制站系统的具体参数，包括飞行期间飞行器的健康状况、显示飞行数据和警告信息。

2. 飞行器操作控制站

飞行器操作控制站提供良好的人机界面来控制无人机飞行，其组成包括命令控制台、飞行参数显示、无人机轨道显示和一个可选的载荷视频显示。

3. 任务载荷控制站

任务载荷控制站用于控制无人机所携带的传感器，由一台或几台视频监视仪和视频记录仪组成。

4. 数据分析系统

数据分析系统用于分析和解释无人机回传的图像等数据信息。

5. 数据链路地面终端

数据链路地面终端包括发送上行链路信号的天线和发射机、捕获下行链路信号的天线和接收机。数据链路应用于不同的 UAV 系统，可实现以下主要功能。

1）用于给飞行器发送命令和有效载荷。
2）接收来自飞行器的状态信息及有效载荷数据。

6. 中央处理单元

中央处理单元包括一台或多台计算机，具有获得并处理从 UAV 来的实时数据、显示处理结果、确认任务规划并上传给 UAV，进行电子地图处理、数据分发、飞行前系统诊断等主要功能。

5.3.3 无人机控制站的典型功能

无人机控制站（GCS）也称为"任务规划与控制站"。任务规划主要指在飞行过程中无人机的航迹受到任务规划的影响；控制指在飞行过程中对无人机系统的各个系统进行控制，按照操作者的要求执行相应的动作。控制站系统应具有以下几个典型的功能。

1. 飞行器的姿态控制

在各机载传感器获得相应的飞行器飞行状态信息后，通过数据链路将这些数据以预定义的格式传输到控制站。在控制站由 GCS 计算机处理这些信息，根据控制律解算出控制要求，形成控制指令和控制参数，再通过数据链路将控制指令和控制参数传输到无人机上的飞控计算机，通过后者实现对飞行器的操控。

2. 有效载荷数据的显示和有效载荷的控制

有效载荷是无人机任务的执行单元。地面控制站根据任务要求实现对有效载荷的控制，并通过对有效载荷状态的显示来实现对任务执行情况的监管。

3. 任务规划、飞行器位置监控及航线的地图显示

任务规划主要包括处理战术信息、研究任务区域地图、标定飞行路线及向操作员提供规划数据等。飞行器位置监控及航线的地图显示部分主要便于操作人员实时地监控飞行器和航迹的状态。

4. 导航和目标定位

无人机在执行任务的过程中通过无线数据链路与地面控制站之间保持着联系。在遇到特殊情况时，需要地面控制站对其实现导航控制，使飞机按照安全的路线飞行。随着空间技术的发展，传统的惯性导航结合先进的 GPS 导航技术成为了无人机系统导航的主流导航技术。目标定位是指飞行器发送给地面的方位角，高度及距离数据需要附加时间标注，以便这些量可与正确的飞行器瞬时位置数据相结合来实现目标位置的最精确计算。为了精确确定目标的位置，必须通过导航技术掌握飞行器的位置，同时还要确定飞行器至目标的短矢量的角度和距离，因此目标定位技术和飞行器导航技术之间有着非常紧密的联系。

5. 与其他子系统的通信链路

该通信链路用于指挥、控制和分发无人机收集的信息。随着计算机和网络技术的发展，现行的通信链路主要借助局域网来进行数据的共享，这样其与其他组织的通信不单纯是在任务结束以后，更重要的是在任务执行期间，通过相关专业人员对共享数据进行多层次的分析，及时提出反馈意见，再由现场指挥人员根据这些意见对预先规划的任务立即做出修改，从而充分利用资源，从全局对完成任务提供有力支持和合理建议，使得控制站当前的工作更加有效。

5.3.4 关键技术及典型解决方案

1. 友好的人机界面

为更好地控制无人机，地面控制站采用了各种形式的 GCS，以便对无人机的飞行状态和任务设备进行监控。GCS 为操作员提供了一个友好的人机界面，可帮助操作员完成监视无人机、任务载荷及通信设备的工作，方便操作员规划任务航路，控制无人机、任务载荷及通信设备。人机界面的设计原则如下：

1）一致性。人机界面的提示、菜单和帮助应使用相同的术语，其颜色、布局、大小写、字体等应自始至终保持一致。

2）允许熟练用户使用快捷键。

3）提供有价值的反馈。

4）设计说明对话框以生成结束信息。将操作序列划分成组，每组操作结束后都应有反馈信息。

5）允许轻松的反向操作以减轻用户的焦虑，鼓励用户大胆尝试不熟悉的选项和操作。

6）支持内部控制点。某些有经验的用户可以控制系统，并根据操作获得适当与正确的反馈。

7）减少短时记忆。由于人凭借短时记忆进行信息处理存在局限性，所以要求显示简单。

2. 一站多机的控制

控制站目前正向一站多机的方向发展，即一个控制站系统控制多架、甚至是多种无人机。未来无人机控制站将朝着高性能、低成本、通用性方向发展，所以一站多机是发展趋势，这也对控制站的显示和控制提出了更严格的要求。

3. 开放性、互用性与公共性

"开放性"指的是不必对现有系统进行重新设计和研制就可以在地面控制站中增加新的功能模块。这种开放性的定义和要求使得模块化的设计和实现方法成为地面控制站设计和实现的最佳途径。各模块间的功能具有一定的独立性，组合在一起又能实现整个系统的功能。这种设计思路不仅可通过增加新的模块来扩展功能，也可以根据任务的不同对模块进行实时的添加或者屏蔽。以美国海军的通用无人机地面控制站的 TCS 战术控制系统为例（图 5-12），TCS 战术控制系统提供了一个开放式体系结构的软件，能够控制多种不同类型的海上/岸上计算机硬件，实现任务规划、指挥与控制以及情报数据接收和分发等功能。

图 5-12 TCS 地面控制站

"互用性"指的是地面控制站能控制任何一种不同的飞行器和任务载荷，并且能够接入连接外部世界的任何一种通信网络。互用性现在已经成为各国发展无人机系统的一个重要思考点。随着网络中心战思想的提出，无人机群的任务必须配合并融入整体作战任务之中，"互用性"的思想正是对这一发展趋势的指导。

"公共性"指的是某个地面控制站与其他控制站使用相同的硬件及部分或者完全相同的软件模块。提出公共性的目的在一定程度上也是为了实现控制站的资源通用，便于维护修复。控制站作为整个无人机系统中最隐蔽的子系统，是很少受到破坏的，但是一旦受到破坏，整个无人机系统可能陷于瘫痪，所以公共性的提出可以提高整个无人机系统的维修性和保障性，从而更加合理地利用已有的控制站资源。

上述三个概念并非相互独立的，在多数情况下，它们是从不同角度、以不同的方式对同一对象进行描述。"开放性"的结构通过容纳新的软件和硬件使得"互用性"和"公共性"得以提高。作为无人机系统的神经中枢，地面控制站要全力地实现开放性、互用性和公共性。

4. 控制站对总线的需求

随着无人机技术的不断发展，无人机航空电子系统与控制站系统之间的通信量越来越大，这就要求控制站系统的无线通信、任务处理、图像处理能力不断增强，因而采用高带宽、低延迟的总线网络实现各部分之间的互联成为必然趋势。从目前的发展来看，只有 Gbit/s 级的互联总线网络才能满足未来地面控制站发展对总线的需求。鉴于光纤通道（FC）具有高带宽、低延迟、低误码率、灵活的拓扑结构和服务类型、支持多种上层协议和底层传输介质以及具有流控制功能，因此可采用光纤通道（FC）来实现其需求。FC 已经成功应用于 F-35、JSF 高度综合化和开放式的航空电子系统结构中，相信 FC 一定能很好地满足控制站的要求。

5．可靠的数据链

发展安全、可跨地平线、抗干扰的宽带数据链是无人机的关键技术之一。近年来，射频和激光数据链技术的发展为其奠定了基础。除了带宽要增加外，数据链也要求可用和可靠。数据链的可用是指一特定星群的覆盖区域和范围，可靠是指信号的健壮性。对于不可避免的电子干扰，数据链需要采用复杂的信号处理和抗干扰技术（如扩频、调频技术等），并能够确保在数据链失效的情况下，飞机能安全返回基地。

5.3.5 无人机控制站的发展趋势

无人机控制站技术具有以下发展趋势。

1．发展通用控制站

美军无人机发展思路是：由陆海空根据各自的需要分别重点开发战术无人机、垂直起降战术无人机和中/高空长航时无人机；最大限度地使用通用的机载设备，避免重复研制；实现地面控制系统的标准化，将各层次的无人机综合到系统中。为确保各情报侦察系统间能毫无障碍地传输图像和数据，美国拟定了一项"通用图像地面/接口系统"，并确定一套通用的图像存储与传输协议，以解决各层次无人机之间的控制站和数据的接口标准问题。

2．重视一站多机控制站的设计，包括硬件结构及友好的人机界面

这种控制站的设计可同时操控多架无人机、使用较少的操作员操纵更多的无人机，这样既提高了操作效率，也减少了人力成本。

3．逐步发展无人作战飞机控制站的设计

利用现有的飞机还是研究一个全新的飞机尚无定论，但是先研究控制站的人机界面设计是必要的。

4．发展可靠、干扰小、宽带宽的数据链路，提高数据传输效率

其涉及的关键技术有数据链路的抗截获、抗干扰的编码、加密、变频、跳频、扩频与解扩技术和图像压缩与传输解压以及高速信号处理技术等。

5．发展人工智能决策技术

该技术涉及无人机的自主程度问题，尤其是针对无人战斗机。这需要一些智能的、基于规则的任务管理软件来驱动安置在无人机上的综合传感器，保证通信，完成无人机与操

纵人员的交互，使无人机不仅能确保按命令或预编程序来完成预定任务、对已知的目标做出反应，还能对随机出现的目标做出相应反应。

6. 发展无人机操控的安全、告警与防错技术

在设计无人机系统时，应对接收处理遥控指令的机载综合化管理设备进行防错设计，使无人机操控系统拒绝执行与当前飞行及设备状态不匹配或超出其能力范围的操作指令，通过提高无人机的人机交互及智能化，完善其预警功能，提高无人机操作的安全性、可靠性。

7. 发展无人机通信中继

控制站与无人机之间的中继用以提高作战半径和地面控制站的安全性。其关键技术包括超视距中继转发与传输、多通道大容量实时信息中继复合传输、军民共享卫星链路和中继载体与无人机协调问题等技术。

5.4 通信链路

5.4.1 概述

1. 无人机通信链路的定义

无人机通信链路是一个多模式的智能通信系统，能够感知其工作区域的电磁环境特征，并根据环境特征和通信要求，实时动态地调整通信系统工作参数（包括通信协议、工作频率、调制特性和网络结构等），达到可靠通信或节省通信资源的目的。

一个能够正常完成信息传递的无人机通信链路应满足以下要求。

1) 能够跳频扩频。跳频组合越高，抗干扰能力越强，一般的设备能做到几十、几百个跳频组合，性能优异的设备能做到 6 万个跳频组合。

2) 能够储存转发信息。

3) 能够加密数据。这可提高数据传输的可靠性，防止泄密。

4) 传输速率高。

5) 低功耗、低误码率和高接收灵敏度。无人机采用电池供电，而且传输距离又远，所以要求设备的功耗低（即低发射功率），接收灵敏度高（灵敏度越高传输距离越远）。

2. 无人机通信链路分类

无人机通信链路按照传输方向可以分为：上行链路和下行链路。上行链路主要完成地面站到无人机的遥控指令的发送和接收，包括舵机控制指令、数据注入指令、ADT 控制指令；下行链路主要完成无人机到地面站的遥测数据以及红外线或电视图像的发送和接收，并根据定位信息的传输，利用上、下行链路进行测距，主要传输的数据类型包含状态数据、传感器数据、定位数据。根据传输的数据类型可以看出，下行数据链路的传输数据具有连

续性且数据量大，状态数据最重要，传感器数据与其他指令相关性最强，所以要求下行数据链路具有较高的抗误码力和纠错能力；上行数据具有突发性，要求上行数据链路具有快速反应能力和可靠性。数据链路的性能直接影响无人机性能的优劣。

根据数据链路的传输对象的不同，可将其分为机间链路和空地链路。机间链路指的是空中各无人机之间的通信链路，空地链路指的是各无人机与地面指挥控制站之间的通信链路。普通无人机大多采用定制视距数据链路，而中高空、长航时无人机则采用视距和超视距卫星通信数据链路。

3. 无人机通信链路的关键技术

无人机通信链路完成通信、数据传输任务，主要涉及中继传输技术、调制技术、抗干扰技术以及视频图像编码技术等。

◆ **中继传输技术** 当无人机超出无线电视距范围时，需要采用中继方式实现地面指挥站与无人机群间的通信。按照中继转发设备所处的不同位置，可以将其分为地面中继和空中中继。地面中继转发设备置于地面控制站与无人机之间的制高点上，空中中继转发设备置于某种合适的空中中继平台上。空中中继平台和任务无人机间采用定向天线，并通过数字引导或自跟踪方式确保通信。相对地面中继而言，空中中继成本要高些。

按照中继转发设备的不同，可以将其分为无人机中继和卫星中继。无人机中继方式采用无人机作为中继转发设备，由地面站、中继无人机、任务无人机群构成超视距通信网络，如图5-13所示。该中继方式移动速度快、机动性能好、电波空间限制小且成本低，但是中继无人机易被发现受损，其抗打击能力差。

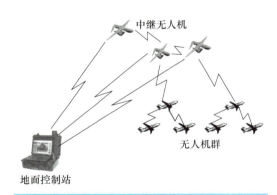

图5-13 无人机中继方式

卫星中继方式则采用卫星作为转发设备，无人机通过机载天线采用自跟踪方式实现对卫星的跟踪。该方式与无人机中继方式相比覆盖范围更广，而且卫星的信道更稳定，通信量更大。

◆ **调制技术** 目前，无人机通信链路主要采用DS-BPSK、2CPFSK两种调制方式。为提高遥控信号的抗干扰能力，一般DS-BPSK技术可应用于上行数据链路，2CPFSK可应用于下行数据链路。DS-BPSK调制技术不仅实现了遥控数据的扩频功能，而且解决了上行数据的加密及抗干扰问题，增加了无线电信号的传输距离。2CPFSK调制方式的抗噪性能及抗衰落性能较好，抗辐射能力较强，可以满足传输高速率信号的要求。

◆ **抗干扰技术** 现在无人机处于电磁复杂的环境下工作，特别是军用无人机，所以需要具备较强的抗干扰能力，保证无人机间、无人机与地面之间通信的安全、通畅。目前常采用的抗干扰技术有扩频抗干扰技术、自适应干扰抑制技术、信源与信道编码技术。其中扩频抗干扰技术采用高速率的扩频码以达到扩展待传输的信息带宽的目的，具有功率谱密度低、隐蔽性好、抗干扰能力强等优点。自适应干扰抑制技术又可分为自适应天线技术、自适应跳频与自适应信道选择技术、自适应功率控制技术。采用自适应干扰抑制技术能够有效对抗不同形式的干扰，克服干扰带来的影响并及时采取相应的措施保证正常通信。信源与信道编码技术分别对信源和信道进行编码，信源编码把信源输出符号序列变换为最短的码字序列，使后者的各码元所载荷的平均信息量最大；信道编码是在原数据码流中插入一些码元，从而实现在接收端进行判错和纠错的目的。

◆ 视频图像编码技术　视频图像信息是无人机任务载荷传感器主要传输的信息。对视频图像信号进行数字压缩编码有利于减小传输带宽，即对视频图像进行压缩处理。该技术从最初的 MPEG 编解码开始，经历了 MPEG2、MPEG4、H.264，目前较为先进的编解码标准是 H.265。该标准在 2013 年推出，是 H.264 标准的升级版，其优势是在带宽网络环境下可以传输更高质量的视频。

4. 无人机通信链路技术的发展方向

◆ 研发激光通信传输系统　现阶段广泛应用的技术有无线局域网通信、蓝牙无线传输技术、紫蜂技术、超宽带技术和射频识别技术，这些技术都有其各自的优缺点，应用在不同的领域。发展激光通信技术可以满足大数据量实时远程传送的需求，有利于提高无人机数据链路的带宽和作用距离。激光通信具有传输速率快、安全性高、功耗低的优点。

◆ 实现无人机数据链路智能化　无人机智能数据链路的工作过程分四个环节：感知电磁环境、分析信号参数、优化数据链参数、重构数据链通信模式。伴随无人机的不断飞行，其工作环境在不断变化，通过智能数据链调整通信模式，可使其处于最佳工作状态。

◆ 研究数据链组网技术　无人机自组网的基本思想是无人机间的通信不仅仅依赖地面控制站或者基础通信设施，而且将无人机作为网络节点，各节点间能够互相发送控制指令，交换传感器信息，自动连接并建立一个无线移动网络。在这个自组网络中，每个节点兼具收发器和路由器的功能。

无人机的通信网络实现自组网技术可以增强多无人机系统的可扩展性，拓展其工作范围；提高多无人机系统的抗干扰性，在其穿越障碍物时利用网络的自愈性，通过其他无人机系统的信息联通减少对基础设施的依赖；有效地完成无人机集群任务，成员之间相互通信相互协调，可有效地避免成员间的相互碰撞；可以降低无人机的载荷重量，在自组网中由部分无人机搭载重要的基础通信设备。

◆ 发展"一站多机"技术　所谓一站多机数据链是指一个测控站与多架无人机之间的数据链通信，采用频分、时分及码分多址方式来区分来自不同无人机的遥测参数和任务传感器信息。这样减少了地面控制站的设备数量，提高了整个系统互联互通的能力，实现了无人机多机多系统的兼容和协同工作。这样的技术在 20 世纪 80 年代曾经出现，但是随着无人机在民用领域的快速发展，其技术需求也越来越高。

5.4.2 组成

无人机通信数据链首先将基带信号（遥测、遥控、图像）进行部分处理，然后输送至发射机，由发射机转变成射频信号传送给天线，由天线发送给信道。在接收端，接收天线将电磁信号转变成射频信号传输给接收机，接收机将射频信号转变成基带信号并传送给基带信号处理部分进行处理。

从设备形式上划分，无人机的通信数据链主要由机载部分和地面部分组成。机载数据终端（ADT）的主要物理设备有机载天线、机载信道和机载终端；地面数据终端（GDT）主要包括地面天线子系统、地面控制站以及连接地面天线和地面控制站的接口单元。机载部分和地面部分的数据终端均包含的设备有 RF 接收机、发射机和用于连接接收机和发射机到系统其余部分的调制解调器，如图 5-14 所示。

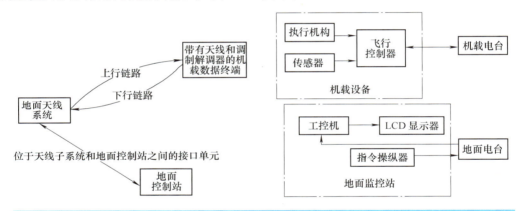

图 5-14 通信链路的组成

1. 机载数据终端（ADT）

机载的信道分为上行信道和下行信道。上行信道放大天线接收到的微弱信号并将其变频为接收中频；下行信道将发射中频信号变频为发射信号，并用功率放大器放大，如图 5-15 所示。

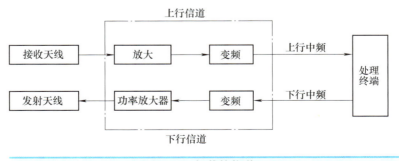

图 5-15 机载的信道

机载终端：机载终端是 ADT 设备的中央决策、控制单元，常通过高速信号处理集成电路及其外围实现，如 DSP、FPGA、嵌入式系统等。

2. 天线

天线是无线电技术设备中高效辐射和接收无线电波的装置，同时完成高频电流（或导行波）与电磁波之间的转换，故可将其称为换能器，如图 5-16 所示，其性能好坏直接影响通信距离。

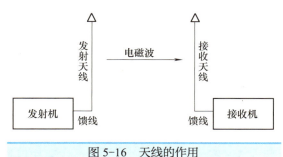

图 5-16　天线的作用

无人机天线按辐射方向分为定向天线和全向天线。

全向天线在水平方向图上表现为 360°均匀辐射，一般应用于通信距离近但覆盖范围广的场合；定向天线在水平方向图上是一定角度范围的辐射，应用于通信距离远、覆盖范围小且目标密度大的场合。定向天线按照极化方式还可划分为单极化和双极化天线。

按天线外形可分为鞭状天线、板状天线和抛物面天线等。

鞭状天线是无人机最常用的天线，其形状为一个可弯曲的垂直杆状，长度一般为工作波长的 1/4 或 1/2。鞭状天线的电磁波辐射"盲区"是天线的直指方向，其方向图为苹果形状，所以使用时不应该将天线指向无人机，指在其他区域时无人机处于任何姿态、任何朝向和距离下都有相对稳定的信号。

板状天线是定向天线，其辐射最强区是平板所朝向的方向，其他方向逐渐减弱，一般民用板状天线的增益可达 24dBi。因其具有很强的方向性，所以其通信距离较长，所以地面站一般会配用板状天线。一般板状天线与配套的天线追踪器使用，追踪器能够通过通信链路反馈的信息自动驱动板状天线对准无人机。

抛物面天线由馈源和抛物面反射器构成，如图 5-17 所示。天线等反射面由形状为抛物面的导体表面或者导体栅网构成，馈源位于抛物面的焦点处。馈源由短电对称振子天线、扬声器天线等弱方向天线组成，其主要作用是将高频的电流转换为电磁波并投射到抛物面反射器上；抛物面反射器再将电磁波沿抛物面轴线方向反射出去，以获得方向性极强的无线电波。其信号接收稳定，

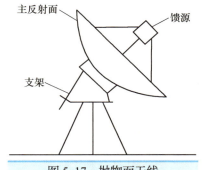

图 5-17　抛物面天线

一般用于中大型军用无人机的地面天线。

天线的性能指标有增益、低仰角性能、抗干扰性能等。增益描述了天线在特定方向上收发信号的能力，是选择天线时的重要参数之一，单位是 dBd 或 dBi。低仰角性能是指无人机在作业过程中，一方面可能受到各种障碍物遮挡，另一方面无人机在起降或者转弯过程中姿态起伏较大，这要求无人机天线的搜星能力要强。抗干扰性能是针对复杂的地面情况、手机基站及电视台卫星天线、大面积金属结构、电流电压波动、靠近其他无线装置等因素都会影响天线的信号传输。数据链路体积小、重量轻、功耗低，特别是机载天线，可有效降低无人机的整体负载重量。

描述天线辐射特性（场强振幅、相位、极化）与空间角度关系的图形是天线的方向图。标准完整的方向图是一个三维图形，但在实际工作中，只需要测得水平方向和垂直方向的方向图即可。在方向图中有四个重要参数：主瓣宽度、旁瓣电平、前后比、方向系数。

3. 接收机

接收机一般由放大器、滤波器、混频器等部件组成，主要作用是将模拟输入信号放大、滤波并进行若干次频率搬移或变换，再通过 ADC 采样，送至计算机 CPU 或 DSP 做进一步处理。

4. 发射机

发射机一般由振荡器、放大器、调制器等元器件组成，其主要作用是产生一个功率足够大的高频振荡发送给发射天线，通过天线转换成空间电磁波后送至接收端。

从发射机的用途角度分析其技术要求如下：

1）频率稳定，振荡电路不受温度、湿度等环境因素的影响；
2）输出功率足够大，信号失真小；
3）频率占用宽度应尽量狭窄，以提高频带的利用率；
4）寄生辐射应低，以减小干扰。

思考题

1. 无人机电气系统的组成及其作用分别是什么？
2. 无人机机载电源常见的组织形式是什么？
3. 简述系留无人机的概念及其供电特点。
4. 简述不同任务设备在各行各业中的不同应用。
5. 比较不同照相机的成像原理和应用场合。
6. 简述云台系统的主要作用及其组成。
7. 简述云台系统的工作原理。

8. 无人机图传系统应用的信息技术有哪些？
9. 简述无人机图传系统的组成。
10. 简述信道、信源、编码、扩频、调制的目的。
11. 简述无人机控制站的功能。
12. 简述无人机控制站的组成。
13. 简述无人机控制站的控制模式。
14. 简述无人机实现姿态控制的过程。
15. 无人机通信链路完成通信、数据传输任务，主要应用了何种技术？
16. 简述无人机通信链路完成通信任务的流程。
17. 简述无人机通信链路的组成及其作用。
18. 无人机天线的分类及其特点是什么？

考证训练

1. 无人机电气系统中电源和（　　）两者的组合统称为供电系统。
   A. 用电设备　　　　B. 配电系统　　　　C. 供电线路　　　　D. 传输电线

2. （　　）的功能是向无人机各用电系统或设备提供满足预定设计要求的电能。
   A. 配电系统　　　　B. 电源　　　　C. 供电系统　　　　D. 电气系统

3. 指挥控制与（　　）是无人机地面站的主要功能。
   A. 飞行状态监控　　　　　　　　B. 任务规划
   C. 飞行视角显示　　　　　　　　D. 载荷数据处理

4. （　　）主要由飞行操纵、任务载荷控制、数据链路控制和通信指挥等部分组成，可完成对无人机机载任务载荷等的操纵控制。
   A. 指挥处理中心　　　　　　　　B. 无人机控制站
   C. 载荷控制站　　　　　　　　　D. 数据链路控制

5. 无线电视距内通信的无人机多数机载安装（　　）天线，需要进行无线电超视距通信的无人机一般采用自跟踪抛物面卫星通信天线。
   A. 定向　　　　B. 蘑菇头　　　　C. 全向　　　　D. 定向和全向

6. 民用多旋翼无人机常用的链路是（　　）。
   A. 遥控器下行，图传下行，数传上、下行
   B. 遥控器上行，图传下行，数传上、下行
   C. 遥控器上行，图传上、下行，数传下行
   D. 遥控器上行，图传上行，数传上、下行

7. 如果数据链路上行中断，会发生（　　）后果。
   A. 无人机退出地面站控制模式
   B. 不能获取无人机状态信息
   C. 无法在线重规划航线航点及发送任务指令
   D. 地面站不再更新无人机的遥测数据

参 考 文 献

[1] 符长青，曹兵. 多旋翼无人机技术基础 [M]. 北京：清华大学出版社，2017.
[2] 于坤林，陈文贵. 无人机结构与系统 [M]. 西安：西北工业大学出版社，2016.
[3] 孙毅. 无人机驾驶员航空知识手册 [M]. 北京：中国民航出版社，2014.
[4] 许春生. 燃气涡轮发动机 [M]. 北京：兵器工业出版社，2006.
[5] 马高山. 航空概论 [M]. 北京：北京航空航天大学出版社，2013.
[6] 王细洋. 航空概论 [M]. 北京：航空工业出版社，2004.
[7] 何庆芝. 航空航天概论 [M]. 北京：北京航空航天大学出版社，2003.
[8] 李红军. 航空航天概论 [M]. 北京：北京航空航天大学出版社，2009.
[9] 贾玉红. 航空航天概论 [M]. 北京：北京航空航天大学出版社，2013.
[10] 李怡勇，邵琼玲，李小将. 航天器有效载荷 [M]. 北京：国防工业出版社，2013.
[11] 彭向阳，陈驰，饶章权. 大型无人机电力线路巡检作业及智能诊断技术 [M]. 北京：中国电力出版社，2015.
[12] 段连飞，章炜，黄端详. 无人机任务载荷 [M]. 西安：西北工业大学出版社，2017.
[13] 段连飞. 无人机任务设备原理 [M]. 北京：海潮出版社，2008.
[14] 王宝昌. 无人机航拍技术 [M]. 西安：西北工业大学出版社，2017.
[15] 聂琳娟. GPS 测量技术 [M]. 武汉：武汉大学出版社，2012.
[16] 高宪军. 航空无线电导航系统 [M]. 长春：吉林科学技术出版社，2007.
[17] 袁信. 导航系统 [M]. 北京：航空工业出版社，1993.
[18] 吕鸿雁，郝建平. 航空动力装置 [M]. 北京：清华大学出版社，2017.
[19] 符长青，符晓勤，马宇平. 旋翼飞行器动力装置 [M]. 北京：清华大学出版社，2017.
[20] 崔胜民. 轻松玩转多旋翼无人机 [M]. 北京：化学工业出版社，2017.
[21] 张琛. 直流无刷电动机原理及应用 [M]. 2 版. 北京：机械工业出版社，1996.
[22] 叶金虎，徐思涛，张颉明，等. 无刷直流电动机 [M]. 北京：科学出版社，1982.